基础教育改革与教师专业发展丛书

基础教育改革与学生发展系列

数字土著的网络生活之道
——中小学生如何正确使用网络

SHUZITUZHU DE WANGLUO SHENGHUO ZHIDAO

ZHONGXIAOXUESHENG RUHE ZHENGQUE SHIYONG WANGLUO

聂竹明◎编著

安徽师范大学出版社

责任编辑：沈 非 孙玉洁　　责任校对：吴毛顺
装帧设计：丁奕奕　　　　　　责任印制：郭行洲

图书在版编目（CIP）数据

数字土著的网络生活之道：中小学生如何正确使用网络 / 聂竹明编著.——芜湖：安徽师范大学出版社，2013.12

（基础教育改革与教师专业发展丛书）

ISBN 978-7-5676-0315-8

Ⅰ.①数… Ⅱ.①聂… Ⅲ.①计算机网络－青年读物 ②计算机网络－少年读物 Ⅳ.①TP393-49

中国版本图书馆 CIP 数据核字（2012）第 319360 号

数字土著的网络生活之道：中小学生如何正确使用网络
聂竹明　编著

出版发行：安徽师范大学出版社
　　　　　芜湖市九华南路189号安徽师范大学花津校区　　邮政编码：241002
网　　址：http://www.ahnupress.com/
发 行 部：0553-3883578 5910327 5910310（传真）　　E-mail：asdcbsfxb@126.com
经　　销：全国新华书店
印　　刷：安徽芜湖新华印务有限责任公司
版　　次：2013年12月第1版
印　　次：2013年12月第1次印刷
规　　格：787×960　1/16
印　　张：15.5
字　　数：230千
书　　号：ISBN 978-7-5676-0315-8
定　　价：32.00元

基础教育改革与教师专业发展丛书编委会

内容简介

　　数字土著,也称为数字原住民,意指出生在数字时代的这代人。他们认为网络并不虚拟,网络就是现实。数字化生存是他们必须面对与适应的生存方式。本书从网络成瘾现象入手,以大量现实案例为依托,阐释了两代人(数字移民与数字土著)之间代际差异的表象与根源,揭示了各类网络工具、网络游戏以及网络社交对中小学生的独特吸引力所在,提出了中小学生的网络生活之道在于自身媒介素养的提升。

总 序

　　"教育改革"在当下是一个出现频率非常高的概念,这种语言现象所反映的正是教育实践的客观现实。伴随着经济全球化、信息化和网络化的迅猛发展,世界范围的教育改革正一浪高过一浪,教育改革正成为一项持续不断的教育实践活动。可以说,变革已成为当代教育的一个典型特征。

　　同样,改革也是我国当代基础教育领域蓬勃发展的重要驱动轴。近年来,基础教育改革正在各个层面全面展开:在课程领域,综合课程、活动课程、微型课程、模块课程等正在逐步取得与学科课程同等的地位,并对促进学生的全面发展发挥着不可替代的作用;在教学领域,诸如探究式教学、互动式教学、学生自主学习、合作学习等一系列新的教学方式和学习方式也正在逐步取代某些传统的教学方式和学习方式,被师生广泛运用于教学过程之中;在德育领域,一方面,某些陈旧落后的德育理念和模式正在为人们所摒弃,另一方面,多种新的德育理念和模式正在受到教育理论工作者和实践工作者的广泛关注并在学校德育实践中进行尝试和经受检验;在教育评价领域,传统的评价理念和范式同样日益受到人们的质疑与批判,与此同时,各种新的评价理念和范式层出不穷并被师生普遍接受和运用。

　　基础教育改革不仅使学校生活、师生关系和课堂面貌等发生了重要变化,也向广大教育实践工作者提出了新的更高的要求。持续不断的基础教育改革,使每一个投身于教育实践工作的人都面临着一系列无法回避的挑战。这种挑战,既意味着教育实践工作者不得不正视和思考教育改革带来的各种新的问题,同时也意味着他们在面对不断变化的教育实践情境时,必须采取适当、合理的因应与行动。

　　教育大计,教师为本;有好的教师,才有好的教育。这既是基础教育改革实践的强烈诉求,同时也是理性认识基础教育改革所形成的共识。好的教师,才有可能既娴熟自如地驾驭教育教学活动,最大限度地促进学生的发展,同时又能够有效地应对社会和教育发展所带来的各种新变化、新要求,成为教育改革的参与者和"弄潮儿"。好的教师由何而来呢? 也许人们对这一问题有着各自不同的认识,也许不同的教师其成长的过程和方式各有差异,但可以肯定的是,好的教师既需要经受教育实践的历练,需要教育实践给予其充分展现的机会,同时,也需要接受教育理论的滋养,需要对教育教学的本质和规律性有着正确的认知和把握。

　　与教育实践工作者相同的是,教育理论工作者也正在面对教改所带来的诸多挑战。基础教育改革的蓬勃展开,也必然会对教育理论工作者提出如何恰当地回应教育改革、如何研究和解决教育改革中出现的各种新问题、如何引领教育改革的发展方向等诸多问题。可以说,在教育改革持续展开的背景下,教育理论工作者正面临着双重任务:一是必须及时研究和探索教育改革中不断出现的新情况、新进展,发现制约改革的各种因素和变量,揭示和分析教育改革发生发展的特点和规律;二是必须观照教育改革参与者特别是中小学教师的实践诉求,通过对教育改革实践的理论阐述,引领他们更加理性、有效地处理改革实践中所遇到的种种现实问题。

我们欣慰地看到,当前,已有很多学者对基础教育改革的一系列重要问题进行了深入的研究和探讨,从多角度、多方位提出了诸多有关教育改革的真知灼见,展示了学者们对教育改革实践的理性认识。然而,如何将这些理性认识转变为教育改革实践的理性行动,却需要做一番综合与转化工作。所谓综合,就是要对不同的理论研究成果,根据教育实践的逻辑,重新进行组合与梳理,以形成更加适合于教育实践的知识体系;所谓转化,则是要通过对知识的再加工和再创造,将原本用于精确表达思想和观念的科学话语体系,转变成实践话语体系,从而更加适合教育改革实践的需要。而本套丛书所努力达成的,就是这样的一个目标。我们期待我们所做的综合与转化的努力,能够产生切实的实践效果。

教育改革既涉及宏观层面,也涉及微观层面。仅有宏观层面的努力而缺失微观层面的配合与行动,教育改革不可能取得成功。宏观层面的教育改革主要是由政府来决定和实施,而微观层面的改革不仅需要政府的介入,更需要教育实践工作者的实际行动。我们编写这套丛书,主要的目标是指向微观层面,指向中小学教师的教育教学实践。丛书涉及当前基础教育改革和教师专业发展的诸多领域,主要针对当前基础教育改革和教师专业发展中所遇到或将要遇到的一系列问题而编写,以问题作为研究和讨论中心。我们期望通过聚焦教育改革实践中遇到的各种实际问题,借鉴中外教育改革的研究成果和成功经验,为教育实践工作者正确地认识和把握这些具体的实际问题提供指导和帮助。

本丛书主要包括教师专业发展系列、基础教育改革与学生发展系列、新课程教学探索系列、班主任工作系列、心理健康教育系列、教师专业标准系列等,读者对象主要是广大中小学教师。丛书的定位是理论与实际有机结合、介于学术著作和通俗读物之间,既注意吸收相关学科领域的最新成果,反映教育教学研究的前沿动态,又注重贴近中小学教师的工作和生活,对目前我国基础教育的实际以及教改实施与进展的状况进行分析和探讨,注重解决读者在实践中遇到的问题或困惑,努力做到科学性、前沿性、实用性的统一。丛书内容通俗易懂,深入浅出,每册书在内容上不求大而全,不求面面俱到,而是突出重点,将关注教师的需求放在第一位,尽可能为他们提供有针对性的思想和理论的引领,给他们以实践操作的启发。

我们相信本套丛书的出版,能让广大一线中小学教师获得所需的知识和有益的启示,对学校的进步、教师的发展和学生的成长发挥建设性的指导作用,为促进教育改革和教师发展增添些许动力。我们也期待着本丛书的出版,能够为师范院校相关学科的教学与研究提供更为丰富的素材,从而推动教师教育质量的不断提升。

编委会

二〇一三年一月

目　录

第一章　数字土著:逃不脱的网瘾综合征

当国内视网瘾和沉溺其中的少年为洪水猛兽时,国外已经出现一个新词——Digital Natives(数字土著或数字原住民)——用来形容生活在数字时代的这代人。这代人认为,网络并不虚拟,它就是现实。数字土著,意为"80后"甚至再年轻些的这代人。如今及今后的中小学生就是典型的数字土著,他们伴随着网络世界成长,网络就是他们的生活,数字化生存就是他们必须面对与适应的生存方式。在网络时代,作为"数字土著"或"数字原住民"的中小学生与网瘾综合征有着千丝万缕的联系。本章将从网络成瘾的类别与案例、问题与症状、认知与干预三个方面分别阐释网络成瘾的内涵、具体表现以及防治措施,重点是在了解网络成瘾的基本类别和具体表现的基础上理解网络成瘾的代际认知差异。

第一节　网络成瘾:类别与案例

生活在网络时代,我们对网络成瘾这一概念并不陌生。那么,什么是网络成瘾呢? 网络成瘾一般是指由重复地使用网络所导致的一种慢性或周期性的着迷状态,并产生难以抗拒的再度使用的冲动,同时会产生想要增加使用时间的张力与耐受性、克制、退瘾等现象,对于上网所带来的快感会一直有心理与生理上的依赖。通俗地讲,网络成瘾是指网络使用者对网络陷入一种痴迷状态,继而引发大量的、一系列的行为和冲动控制上的问题。事实上,在现实中,由于不同的网络使用者具有不同的个人特质,因此会受到不同网络功能特性的吸引,从而产生各种网络成瘾类型。因而,不同的网络成瘾又衍生出其独特的内涵。本节主要通过网络成瘾的类别分析和案例展示来阐释各种网络成瘾。网络成瘾主要有七种类型:网络关系成瘾(Cyber-relational Addiction)、网络娱乐成瘾(Cyber-entertainment Addiction)、网络强迫行为(Cyber Compulsions)、信息搜集成瘾(Information-overload Addiction)、网络性成瘾(Cyber-sexual Addiction)、网络入侵成瘾(Cyber-intrusion Addiction)、电子计算机成瘾(Computer Addiction)。

一、网络关系成瘾

网络关系成瘾,是指沉溺于通过网上聊天或色情网站等方式结识朋友。此类成瘾者主要表现为:将大量甚至全部精力专注于网络关系中,网络朋友地位极其重要,超过了现实朋友甚至是家庭成员的重要性,严重影响正常的人际关系和社会交往。其中,网络聊天成瘾是网络关系成瘾中最为典型、最具普及性的代表。所谓网络聊天成瘾是指个体沉迷于网络聊天,并且为了消除下网后的烦躁不安而不断延长上网时间。

为什么很多人会陷入网络关系成瘾中呢? 主要有两个原因:

第一,网络不仅能拓宽人们交流的时空,更主要的是网络世界是虚拟的,网络中人的信息也可以是虚拟的,网络中人能充分享受现实中达不到的"言论自由"。网络经典描述"在网上,没有人知道你是一条狗"充分反映了网上交际的一个主要的特点——隐匿性;网络中人可以匿名,可以隐匿性别、年龄、身份等各种信息,即网络中人的身份丧失。虽然,在看似宽松自由的网络虚拟世界里,网络中人可以宣泄情绪,更大限度地满足情感表达的需求,但这也是导致网络成瘾的罪魁祸首。

第二,网络聊天室话题分类清晰,满足各类网民需求,便于找到自己感兴趣的话题。网络交际的独特魅力,让很多人认为网络沟通比现实沟通更容易、更方便。一些特别的群体,如有社交障碍的人、失恋者、性格孤僻的人等,更喜欢通过网络交际来寻找心灵慰藉。长期沉迷于网络关系的人,逐渐地"异化"了交往方式,在他们成为网络交际高手与网友侃侃而谈的同时,现实生活中却陷入了沉默寡言、内心世界封闭的困境。久而久之,网络关系成瘾越来越严重。

正是由于长期处在虚拟的人际关系交往中,致使成瘾者渐渐远离现实生活中的亲朋好友,对网络交际产生强烈的心理依赖,严重影响了他们的正常工作、学习、人际关系等。同时,网上游戏、网上交友、网上恋爱等形成的人际关系对成瘾者的心理影响超过了现实生活中的朋友和家人,其危害极大。

二、网络娱乐成瘾

网络娱乐成瘾,是指成瘾者花费大量的时间、精力以及金钱在网络游戏、歌曲和电影等活动中,往往以丧失工作职责为代价,对人际关系造成极大的破坏。网络娱乐成瘾主要包括三种类型,分别是:网络游戏成瘾、网络歌曲成瘾、网络电影成瘾。其中,网络游戏成瘾是网络娱乐成瘾的典型代表。所谓的网络游戏成瘾是借助于数字、电子、网络、创意、编剧、美工、音乐等"先进"的道具,实现对现实生活的虚拟。

那么网络游戏成瘾的原因有哪些呢? 主要原因有两个:

第一,网络游戏中的角色扮演,可以暂时缓解各种生活压力。在生活中,由于各种压力的存在,每个人都需要找到缓解压力的途径。有些人可能会选择采用多种调节机制缓解压力,比如找朋友倾诉、购物、运动等,但也有些人可能选择逃避压力,致使压力不能得到更好缓解和释放。在这种情况下,网络游戏可能是他们逃避现实的有利工具。因为,躲在虚拟的网络游戏中,可以暂时忘却生活中各种不讨人喜欢的"角色规则"。在游戏当中,可以扮演行侠仗义的江湖侠客,可以扮演骁勇善战的斗士,也可以扮演无恶不作的妖魔鬼怪……游戏中的角色千千万万,可以随心所欲地选择。

第二,网络游戏结果的未知性和奖励性,增加了游戏的神秘感。有网络游戏评价者说:"在网络游戏里,'人'创造着游戏生活——没有存档重来的机会、没有明确预知的结局、每一个选择都将成为永远的历史、每一个'人'都在影响着他'人'、每一个'人'又在被他'人'影响着……"这句话很深刻地揭示了网络游戏的魅力所在:它类似于赌博,首先,网络游戏结果难以预料,增加了好奇心,让人欲罢不能;其次,游戏中的奖励机制,激起游戏者的求胜心理,比如,获得网上虚拟奖励,如斗地主游戏获得欢乐豆,还有各种游戏网上积分,甚至是可以兑换为现金的游戏券。

因此,对于好奇心强、好胜心强的人,这些都是造成网络游戏成瘾的重要因素。

案例一:

　　2011年10月,仔仔不愿意上学,把自己关在房间里上网,沉迷《CS》《CF》《魔兽世界》等游戏。母亲称孩子网络成瘾有半年时间了,白天睡觉,不愿意洗澡,头发凌乱,体重由50千克迅速下降到35千克,经常听到孩子一个人在房间讲各种脏话,情绪激动时会砸电脑键盘。如果家人阻止其玩电脑,他会情绪暴躁、大骂,甚至动手打父母,严重时甚至会用刀威胁父母让他上网,否则就会死在父母面前。

三、网络强迫行为

　　网络强迫行为,是指以一种难以抵抗的冲动,沉迷于在线赌博、网上贸易或者拍卖、购物。网络强迫行为的典型表现是:它是伴随网络同步空间产生的,主要形式是沉迷于在线赌博和网络购物,不能自拔。

　　那么在线赌博产生的原因是什么呢?主要有以下两个方面:

　　第一,每个人都愿意不断重复被表扬的行为。斯金纳使用电子信箱研究并发现了网络强迫行为的复杂性。这种行为产生的基本原理是:每个人都愿意不断重复被表扬的行为。换句话说,如果一个人做的事情,受到认可或者是表扬,那么他会很愿意再去做类似的事情。在线赌博是模拟现场赌博,众多网友的围观和评论都是促进在线赌博的重要因素。

　　第二,重复某个特定行为得到某种奖励的可能性是网络同步环境的另一个魅力。这种奖励可能是实物也可能是行为鼓励。如老虎机赌博游戏,虽然不知要拉多少下杆才能赢,但正是对于虎口吐出的叮当作响的硬币的期待,使得人们一遍遍地重复这种游戏。

　　网络购物成瘾主要有三个核心特征:无法抵抗的网络购物冲动;对网络购物行为失去控制;毫无顾忌地过度网购。那么,网络购物产生的原因有哪些呢?主要表现在三个方面:

第一，贪图便宜。很多网上购物者认为网上购物要比现实商场购物便宜得多，而网络购物积分和满额优惠的诱惑更促使很多人为了达到换购"条件"进行过度消费。

第二，网络商品种类繁多，让购物者眼花缭乱。与传统购物方式相比，网络购物的供货平台更大、商品种类琳琅满目、款式新颖，能够满足各种需求，所以极大地刺激了人们的消费欲望。

第三，网购乐趣填补生活空虚。现代人生活节奏较快，与之对应的是朋友越来越少，很多人在学习、工作之余会觉得生活很空虚。在这种情况下，网络购物便成为打发业余时间的好方式，可以给生活增添一些乐趣。

网络强迫行为不仅发生在中小学生身上，不少家长接触网络后也一样会发生。这就更需要引起我们注意。

案例二：

刘女士今年55岁了，刚刚退休的她最近迷上了网上购物。原本怕她一个人在家寂寞，女儿特意教她上网，可是如今女儿有点后悔，面对一屋子的邮包，女儿对记者说："早就该想到她是'购物狂'，原来电视购物就很疯狂，这会儿上网购物，更控制不住了，这个月已经花了4 000多元了。"刘女士说："我哪样儿东西买错了？都是又便宜又好用。"后来女儿偷偷地对记者说："就她自己觉得又便宜又好，她在网上看什么东西都新鲜，那些在一般商店里见不到的，她就觉得好。再一看评论说东西好，她就觉得非买不可了。实际上买回来用过一两次就放一边了。"

四、信息搜集成瘾

信息搜集成瘾，指的是强迫性地浏览网页以查找和搜集信息。通常情况下，具有强迫性格缺陷的人一般更容易形成信息搜集成瘾。此类成瘾者的主要表现是：因惧怕所拥有的信息量不足而花费大量时间致力于在网上查找和搜集信息。该种成瘾者一般会导致两种后果：强迫性冲动倾向和工作效率下降。信息搜集成瘾一般有三个特征：第一，无法自控的上网渴望和冲动;第二,上网后,很难自行离开网络,对网络表现痴迷状态;第三,上网时,精神较为亢奋,不断搜集各种信息。

中国互联网络信息中心在一项"用户上网最主要目的"的调查研究中表明,获取信息占到了上网目的的46.1%,居于该项调查的第一位。有的"网虫"曾这样感叹:"我们上网寻找信息,却忽略了探求真正的信息,我们上网浏览的信息虽然比过去多了几十倍,但是能够用得着的信息却只有原来的十分之一,而能够记得住的却连几十分之一都不到……"

上述现象揭示了很现实的问题:用户获取的有效信息是多少,垃圾信息占多少。换句话说,面对浩瀚如海的信息世界,是不是很多人迷失了? 是不是很多人开始盲目地、被动地接受互联网提供的各种信息,而不是根据自己的需要选择有效的信息呢? 长此以往,很多人就产生信息搜集成瘾。

那么,形成信息搜集成瘾的原因有哪些呢? 主要有以下两个方面:

第一,现代人有获取有效信息的需求与网上大量信息良莠不齐的矛盾。现代人生活和工作节奏不断加快,需要及时得到信息。但是,网络信息虽种类繁多,却良莠不齐,面对浩瀚如海的信息世界,很多人会感到手足无措。因此,搜寻信息也变得非常盲目,非常被动。于是,很多人担心信息量不足,便不断地在网上查找各种信息,却不能及时整合有效信息,导致工作效率下降。

第二,信息搜集的易操作性和信息的趣味性。信息搜集操作较为简单,且对时间的要求并不是很严格,所以,很多人会进行这一操作。网上大量的信息是针对不同人群提供的,人们总会找到符合自己兴趣的内容。因此,很多人会强迫性地从网上搜集浏览虽无关紧要却感兴趣的信息资料,或者被迫浏览一些并不需要的也不感兴趣的信息资料,如广告信息。

五、网络性成瘾

网络性成瘾,即网络色情成瘾,指沉迷于成人话题的聊天室和网络色情文学。青少年处于身心发展的重要时期,对周围各种事物具有好奇心理,尤其是对异性的神秘感。伴随着年龄的增长,学业压力增大,心里空虚,自控能力差等因素,青少年很容易陷入网络色情的泥潭。

专家认为,每周花费11个小时以上浏览色情网站的人有网络性成瘾的嫌疑。通常情况下,网络性成瘾的主要表现是:沉迷于观看、下载和交换色情作品,在成人幻想角色扮演聊天室中乐而忘返等。

为什么会产生网络性成瘾呢? 主要有三方面的原因:

第一,网络提供大量丰富的极具诱惑力的色情资源。由于互联网的易存储性及交互性,加之网络普及后的易操作性,导致网上色情内容丰富,传递速度快。网上色情聊天网站、成人电影收费网站都不断传递大量的文字、图片、视频等色情信息。

第二,成瘾者的猎奇心理。成瘾者为了满足好奇心,花费大量的时间在色情网站浏览信息,不能自控,以满足生理和心理需求,尤其是满足日常生活中无法满足的性需求。

第三,成瘾者的自控力较差。心理学家杨克说"网上色情成瘾就像在吸食可卡因一样",形象地说明网上色情具有极大的诱惑力、危害性和难以克服的特性。因此,自控能力较差的人更容易陷入其中。并且,在生活中有其他成瘾的人也更容易陷入网络性成瘾中。

在我国,青少年性教育与其正常的生理发育和心理需求不协调,由于种种原因,生理课程的开设效果不甚理想。网络色情正好填补青少年在性教育方面的空白,直观、通俗的性刺激,方便的介入性和可操作性满足了青少年的性问题需求,由于未有正确的引导,青少年在性问题方面走上扭曲的道路。由于中国传统观念的作祟,许多家长即使发现孩子迷恋淫秽色情网络,出于家丑不可外扬的心理,也不能及时解决问题,使得网络色情成瘾越来越严重。

案例三:

小朱来自鲁西南的一个贫困农村家庭,2007年考上济南一所高校。入校不久,他谈起了恋爱,发生了性关系。几个月后,两人就分手了。失去女友后很是失落,于是经常去网吧。他不玩游戏,不聊天,只上色情网站。"我越陷越深。每次上色情网站后都非常自责,害怕被人发现,但很快又会去看。"后来,小朱说,那段时间,他的脑子里全是色情内容。走在大街上,只要看到年轻漂亮的女性,心里就会产生占有的想法。坐公交车,他喜欢挨着女性,内心充满色情想法。去年暑假,小朱花几百块钱买了台二手电脑,每天在家上网,浏览色情网站,不停地自慰。他的身体因此出现了问题,心理上也变得敏感、自卑。他不得不去看病,医生给开了一些治疗精神疾病类的药物,但他还是摆脱不了色情网站的诱惑。后来通过综合治疗,他的生活才基本恢复正常[①]。

六、网络入侵成瘾

网络入侵成瘾,最典型的例子就是采用黑客技术入侵各种网站或者私人计算机。

那么网络入侵成瘾形成的主要因素有哪些呢? 原因有两个:

第一,网络入侵成瘾形成的关键因素,主要是入侵者强烈的好奇心和求胜心。美国最大的黑客凯尔文·米特纪曾说:"越保密的、越难进入的数据库就越吸引我,求解的愿望就越强烈,让我难以自制地想方设法攻破对方的防火墙,一旦成功我就产生了极大的成就感,这是一种不断的自我挑战,一般人很难体会。"在这种心理作用下,他攻破过美国国防部、美国北美空中防备指挥系统和其他一些绝密的网站、数据库。因此,对黑客而言,攻破网站可能不仅仅是为了金钱或权利,而可能是为了满足强烈的个人好奇心,并以此获得成就感。

第二,黑客技术、黑客程序傻瓜化。目前,从事一般黑客活动并不需要掌握高超的计算机知识,通过购买或者在黑客网页中下载黑客软件便可攻击别人的网站,实现窥视他人资料、篡改资料等活动。由于黑客软件可以免费下载或者低价购买,这使得越来越多的中小学生能够快速加入到网络黑客行列。这也是网络入侵成瘾日益呈现低龄化、普遍化的重要因素。

---

① 佚名.沉溺"黄网"大学生患网络性成瘾[EB/OL].(2009-01-12)[2012-08-16].http://hb.qq.com/a/20090112/000427.htm.

案例四:

现年17岁的迈克尔·穆尼是纽约市布鲁克林区一名看起来非常平凡的高三学生。然而,就是这样一名少年,6年级就开始编写程序。过去几年中,他开发了5种网络蠕虫病毒。9年级时,他因闯入该区学校网络而被勒令停学半年。穆尼因"无聊"而编写的蠕虫病毒攻击了Twitter网站,"感染"了不少Twitter用户的网页,这一事件让穆尼迅速成为美国网络上的新闻人物。穆尼成为一个离经叛道、喜欢在网络上制造麻烦的网络黑客的代名词。对此,穆尼表示"我真的可能因此事而声名狼藉",穆尼进一步解释说,他的入侵是一种"灰色的黑客",确实过头了[①]。

七、电子计算机成瘾

电子计算机成瘾是指不可抑制地长时间玩计算机游戏,或计算机程序设计师一再沉迷于各种程序的设计。主要有两类:一类是计算机游戏成瘾;一类是程序设计成瘾。

成瘾者的主要表现是沉迷于电脑程序性游戏或各种程序设计,导致影响正常的学习、工作和生活。这类成瘾者容易患"电脑身心失调症",这种症状的发生率在计算机普及程度较高的国家尤为明显。它会导致许多不良的后果,如由于中枢神经功能的失调而引发的头痛、失眠、心悸、多汗、厌食、恶心以及情绪低落、思维迟钝、容易激怒、常感疲乏等症状。另外,沉迷于各种程序设计的人,也会因思维定势错位而导致一系列的心理失衡。

总之,长期从事计算机工作的人很容易养成"非此即彼"的思维定势,即遇到事情要么执意坚持,要么全部放弃。这种"定势错位"给人际关系处理带来了一定的难度,不断加重其内心的紧张、烦躁和焦虑。

---

① 蒋建平.美国政府招安良心黑客"以黑治黑"[EB/OL].(2009-04-24)[2012-08-16].http://news.sohu.com/20090424/n263592391.shtml.

随着计算机和网络的普及,越来越多的人开始对其产生浓厚的兴趣,随之而来的问题——网络成瘾,也让很多人心惊胆战。本节采用通俗的语言介绍了七种网络成瘾,旨在了解成瘾者的具体表现,防患于未然。

第二节　网络成瘾:问题与症状

到目前为止,网络成瘾虽然没有明确的生物学基础,但多数专家认为,它与传统的药物成瘾有很多相似的特点。网络成瘾也会引发一系列的身心健康问题,例如行为异常、心理障碍、人格障碍、交感神经功能失调等。同时也会伴有各种各样的症状,例如,情绪低落、兴趣丧失、生物钟紊乱、食欲下降、精力不足、运动迟缓、能力下降、思维迟缓、自我评价降低,甚至会有自杀意念和行为等。本节内容主要讲述网络成瘾引发的一系列问题以引起社会各界的关注,同时,需要重点掌握网络成瘾的主要症状,做到防患于未然。

一、网络成瘾引发的问题

大量心理学家对网络成瘾者,尤其是青少年网络成瘾者的研究发现,青少年的心理特征有其特殊性,网络成瘾对其危害也比较深远。网络成瘾对青少年的危害主要体现在以下几个方面:

第一,危害青少年身心健康。青少年正处于身体发育的关键阶段,长期沉溺于网络世界,日常生活规律会被打破,会出现饮食不规律,体重下降,睡眠减少,身体越来越虚弱等现象,更有甚者导致猝死。有报告指出,在美国,大约四分之三的学生出现与网络成瘾相关的神经衰弱、失眠、头痛等症状。网络成瘾者还会出现视力下降、肩背肌肉劳损、生物钟紊乱、睡眠障碍、食欲减退、体能下降、免疫功能减退、精神运动性迟缓或易激动等情况,注意力、稳定性、反应能力均明显下降。网络成瘾者上网后精神极度亢奋并乐此不疲,成瘾比较严重者,不能有效控制自己的上网行为,情绪波动较大,时常出现焦虑、忧郁、烦躁不安等现象。更有严重者,甚至采取自残、自杀等手段。有的学生则染上吸烟、酗酒和滥用药物的毛病,极大地影响了他们的身心发展。

第二,人际交往能力减弱。网络成瘾者往往表现为对外界刺激缺乏相应的情感反应,对周围各种事物失去兴趣,对亲朋好友冷淡,引发了青少年社交面变窄,人际关系冷漠,与真实的人际关系隔绝的后果。例如,网络提供了各种虚拟角色,青少年网络成瘾者沉浸其中,不能很好地实现网络角色和现实角色的转换,甚至将网络中的角色规则带到现实生活中,造成角色的混乱,迷失了真实的自我,这种角色的混乱影响其与正常人交往。

第三,学习成绩下降。美国一项调查表明,58%的青年学生因为花在网上时间太多而影响学习①。网络游戏开发商和网吧经营者为了吸引和留住青少年,不断提供和更新具有刺激性和挑战性的网络游戏,在网络游戏中设置很多关口和陷阱,使得争强好胜的青少年在过关后还想继续过关。另外,网络游戏提供各种视觉刺激,使得青少年流连忘返。因此,一步步沉迷其中,甚至通宵达旦。因此,学生表现为在课堂上犯困、容易走神,没有很多的精力学习课堂知识,甚至逃课。长此以往,青少年无心学习,学业不佳,严重影响学习成绩。

第四,诱发各种犯罪。由于长期沉迷于网络,青少年会出现"道德感弱化"和"人格异化"的现象,继而诱发各种犯罪。"道德感弱化"的主要原因是网络为青少年提供了相对自由的环境,而青少年正处于人格塑造的重要时期,且他们的各种网络行为缺乏教师、家长和朋友的有效监督。所以,他们容易在网上自由任性,缺少道德自律。"人格异化"则由于长期玩飙车、枪战等网络游戏,使得青少年淡化了现实生活与虚拟生活的差异,将网络游戏规则应用于现实生活,出现道德失范和行为越轨现象。例如,沉迷于网络的青少年因没有经济来源,为解决上网费用而实施抢劫、盗窃等犯罪行为;因对学校和家庭采取的各种教育和拯救措施不满而诱发的人际关系障碍而犯罪;由于受网络游戏血腥、暴力场面的影响,使得其思维模式和行为方式发生改变而诱发犯罪;沉迷于网络的青少年因交友不良而诱发团伙犯罪,如在网友的唆使、引诱下,结成犯罪团伙,实施抢劫、杀人等犯罪行为。

---

① 吴正国.应对网络世界的诱惑——青年学生网络心理问题初探[J].江南大学学报:人文社会科学版,2003(3):92.

案例五：

20岁的宋小阳2004年毕业于湖南长沙市某中学，以全市第一名的成绩考上清华大学某学院。

"大学一年级我很受重视，在班里做班长，并且是新生里第一个加入学校学生会的人员。"谈起刚刚踏入大学校园的那段日子，宋小阳显得很自豪。"虽然我高中时就经常玩网络游戏，而且很疯狂，但在大一时，我一次网吧都没去过。因为那时我每天要组织学校和班里的例会，还要抓紧学习，就连学校集体组织看电影，我都没有去过。因为我聪明刻苦，老师都很喜欢我，还经常辅导我学习选学科目。"

"大二时，课程相对轻松了，但我还是能够克制自己不上网玩游戏，后来一件非常突然的事情，打破了我的所有梦想，我的生活轨迹也发生了改变。"宋小阳说。

"大二上学期，有一门《普通法》的选修课非常重要，因为是专对研究生开设的，所以本科生需要通过考试才能上这门课。我刻苦学习半年，自认为准备得很充分，可是最后考试的时候还是没有通过。这次失败对我的打击相当大，这些年来，我还没有在学习上经历这样的挫折。"现在回想起来，宋小阳还有些惋惜。

"成绩发布后，我异常苦闷，多想这时候能有家人来安慰我呀！正好这段时间和家里联系很少，一连3个月没通过一次电话，我感觉父母很不关心我，但我只能把所有的委屈藏在心里，在夜深人静的时候，偷偷地流泪……"

接下来的日子，宋小阳对学习产生了厌倦心理，开始频繁出入网吧。"那时候，除了吃饭睡觉，我觉得上网是最有意义的，我的辅导员对我很好，曾经多次找我谈过，但我是一个不能自律的人，所以他的规劝对我没有丝毫的影响。"他说。

"渐渐地，我很少在课堂上出现，几乎把所有时间都放在了网络游戏上，热衷于《三国》《魔兽争霸》等网络游戏，只要到网吧我就有如痴如醉的感觉。"宋小阳说："我曾经连续一周没回过学校,天天在网吧打游戏,从下午打到第二天早晨,然后在饭店订餐,再睡三四个小时,接着玩游戏。"

"网吧成了我避风的港湾,网络给了我成功的喜悦和生存的欲望。这段时间,我觉得过得很充实,也很快乐。"宋小阳说。

"那段时间,我始终不能克制自己,学习也没有动力,只要一天不去网吧就魂不守舍,感觉无所事事。"宋小阳说,网络游戏的魅力实在太大了,有时玩起来十多个小时不吃饭不休息也不觉得累,但只要离开网吧浑身就没有一点力气,看什么东西都不顺眼,做什么事情都提不起精神,而且还总和别人发脾气①。

"信息高速公路"的出现使得世界发生了翻天覆地的变化,网络将人类带入了一个全新的时代。但是,科技历来是一把双刃剑,既有利于人,又制约于人。尤其是对处于身心发展重要时期的青少年群体,若不能很好地利用网络,不慎跌入网络成瘾的深渊,便会引发如下一系列的问题:

第一,网络成瘾的青少年孤独感更强,所以,他们通过网络去寻求支持和陪伴;

第二,网络成瘾的青少年更容易情绪低落或焦虑担忧,所以,他们通过网上的活动来改善自己的情绪,平复心情;

第三,网络成瘾的青少年较自卑,他们常常觉得自己不够好,所以,他们通过网络来寻求对自己的肯定,寻求成就感;

第四,网络成瘾的青少年感觉寻求的倾向更明显,他们容易对平淡的生活产生厌倦感,所以,他们在网络的大千世界中不断寻求新鲜刺激,感受新奇的事物;

第五,网络成瘾的青少年往往时间管理性较差,他们的生活常常表现出一种无序感,因此,他们在现实世界中的学习和生活效率都比较低,但在网络中他们却可以如鱼得水。

---

① 郭煦文.清华一学生拒戒网瘾割腕自杀始末[EB/OL].(2006-06-14)[2012-08-16].http://news.sohu.com/20060614/n243718748.shtml.

二、网络成瘾的主要症状

从医学上讲,网络成瘾属于一种精神障碍疾病,若长时间上网会在大脑诸多神经元中产生"上网兴奋点",这会促使大脑对上网产生持续的兴奋,网络成瘾的病理与吸毒成瘾很相似,一样难于戒断。目前,国内研究表明,网络成瘾者无论在精神上还是心理上都会表现出一些基本症状,常见的症状有:过度恋网、不谙人际及身心成疾。

(一)过度恋网

目前,在"网络成瘾"与"上网时间"这两个概念的关系上还没有得到公认的结论,有的人认为,由于"网络成瘾"导致"上网时间变长",也有人认为,由于"长时间的上网"导致了"网络成瘾"。到底二者谁为因谁为果,就如同"先生鸡"还是"先生蛋"的问题,各说其理。但无论如何,长时间上网无疑是网络成瘾者的"标签"。据有关调查显示,网络成瘾者平均每周上网25至30个小时,且不分昼夜。与普通网民相比,其上网频率要高出1倍,时间要多耗费2倍。过度恋网一般有两种特征:

一是技高瘾大。计算机学科学生的网络成瘾概率明显高于文、理、医科学生,男生网络成瘾的概率是女生成瘾概率的2倍多。这一现象充分揭示了网络成瘾者迷恋网络的一个重要的特征——技高瘾大。随着电视、计算机、网络等产品的科技含量提高,"科技成瘾"也开始受到研究者的高度重视。相关调查研究表明,越是科技高手越容易上瘾。这也可以解释为何计算机学科学生相比其他学科学生更容易恋网、男生比女生更容易恋网。

二是明知故犯。很多网络成瘾者内心知道网络成瘾的危害,但却无法摆脱对网络的依赖,不能及时停止上网或限制上网时间,也就是我们常说的"明知故犯"。通常认为,网络成瘾者对网络应该有着高度的认同感。但事实并非如此,有关调查显示,网络成瘾者中对网络持负面态度的人要远多于正常人。很多网络成瘾者认为上网弊大于利,但却迟迟不肯撒手。也就是说,网络成瘾者虽能意识到过度上网所带来的危害,也试图想要缩短上网时间,但却总是难以抵挡网络的诱惑,总以失败告终。即使经过一段时间的强制戒除之后,他们也会变得焦躁不安,无法抑制地想上网,导致成瘾行为反复发作,且越来越严重。这是迷恋网络的一个重要特征。

(二)不谙人际

不谙人际是网络成瘾的另一个重要的症状。网络成瘾者在面对着计算机屏幕时能够与朋友滔滔不绝、行文如水,思维极其活跃。相比之下,当他们离开键盘、鼠标时就会变得沉默寡言,自我封闭,不能进行正常的人际交流,即使对有血肉联系的亲人也显得很冷漠。

不得不承认,网络是导致当代年轻人的人际交往能力逐渐退化的重要原因。相关调查研究表明,有56.3%的网络成瘾者人际关系都较差,相比之下,46%的非成瘾者能很好地处理自己与同学、亲友的关系。其中,多数网络成瘾者即使情绪低落也不会向家人和朋友表露,他们选择把情绪隐藏起来,转而在网上倾吐和宣泄。另外,网络成瘾者由于家人对其上网的限制而与家人时常发生矛盾和争吵。有研究者认为,网络成瘾者之所以不谙人际,是因为他们把太多的时间、精力花费在网络构建的虚拟世界中,全然忽视了现实生活中与他人的交往或交流。另外,网络提供的相对宽松自由的交流环境也促使网络成瘾者能够在无人知晓的网络世界里袒露自己、宣泄情感,更好地实现心灵沟通。

相比于网络环境,现实世界中的交往,由于彼此较为熟悉、有共同的生活圈子等原因,人们不愿意或者羞涩于表达自己内心的想法或情感,导致很多话题无法正常开展,久而久之,内心越来越压抑,压力也越来越大。最终,形成一种自我封闭、不能正常面对现实中的人际关系的状态,从而全身心投入到网络虚拟世界中,去寻找精神的解脱和心灵的慰藉。

(三)身心成疾

网络成瘾者的心理和行为都被上网活动支配,上网演变为其主要的心理需要,上网时间越来越长,精力耗费越来越大,逐渐影响正常的作息和生活习惯,进而导致个体生物钟的紊乱,会引发很多不良后果,如失眠、头痛等,时间久了,会导致整个内分泌失调,后果不堪设想。

　　由于长期坐在计算机前,缺乏必要的活动并长时间处于同一姿势,会引发身体的各种不适甚至是疾病,如腰痛、背痛、双手颤抖、疲乏无力等。更有甚者,患上了颈椎病和眼部疾病。与此同时,网络成瘾者的心理也是十分脆弱的。与非网络成瘾者相比,网络成瘾者更易抑郁、焦虑,时常倍感孤独。当无法上网时,会产生强烈的上网渴求,甚至出现烦躁不安的情绪及相应的生理和行为反应。专家认为,网络成瘾与赌博成瘾、饮酒成瘾有着极大的相似之处,成瘾者一旦失去网络便出现心烦意乱、坐立不安等症状。上网在成瘾者生活中占据主导地位,是其精神支柱。由于其注意力和兴趣单一指向网络,使得其工作、学习和生活质量下降。

　　对于网络成瘾症状的研究,国外研究者也各执己见。其中,最为认可的观点是由美国心理学家金伯利·扬概括的网络成瘾症状特征。金伯利·扬认为,网络成瘾症状特征主要体现在五个方面:突显性(Salience)、情绪改变(Mood Modification)、耐受性(Tolerance)、戒断反应(Withdrawal Symptoms)、冲突(Conflict)。具体内涵阐释如下:

　　第一,突显性:网络成瘾者的思维、情感和行为都被上网活动所控制,上网成为其主要活动,在不能上网时会体验到强烈的渴望。

　　第二,情绪改变:上网是网络成瘾者应付环境和追求某种主观体验的一种策略,通过网络活动获得各种情绪体验。例如,网络成瘾者上网时,会出现兴趣高涨、沉醉其中的兴奋情绪;离开网络时,便会产生易激怒、焦躁和紧张不安等负面情绪。

　　第三,耐受性:网络成瘾者需要不断增加上网时间和投入程度,才能获得曾有过的满足感,如同吸毒者需要逐次增加毒品的摄入量以维持精神的兴奋度一样。

　　第四,戒断反应:网络成瘾者在停止使用网络或减少使用网络后所产生的烦躁不安等一系列负面情绪体现。其机制是由于习惯于长期上网而突然停止上网引发的适应性反跳。其中,网络成瘾者的戒断反应主要体现在情绪反应上。

　　第五,冲突:网络成瘾会导致网络成瘾者与周围环境产生各种冲突,例如与亲人、朋友关系冷淡;与网络成瘾者的其他活动产生冲突,如学习成绩下降、工作效率降低;网络成瘾者内心对成瘾行为的矛盾心态的冲突,如意识到过度上网的危害又不愿放弃上网所带来的各种精神满足。

第三节 网络成瘾:认知与干预

有些人认为,只要有足够的意志力就不会网络成瘾,其实不然。据调查显示,网络成瘾者和非成瘾者在意志力方面并没有明显差别。因此,我们绝不能低估网络对人的吸引力,更不要高估自己对网络的免疫力。网络成瘾和吸毒一样,是一种精神依赖病症,一旦陷入其中,便难以自拔。因此,只有早发现,早引导,才能防患于未然,但也要注意,切忌操之过急。只有正确认知网络成瘾并及时实施必要的干预措施,才能有效避免网瘾综合征,做一个合格的网民。

一、网络成瘾的认知

相关调查显示,我国网迷和网络成瘾者已经超过8 000万人,其中成瘾患者已有250万人。中国青少年网络协会提供的数据显示,网络成瘾的青少年网民高达10%~15%,网络成瘾的大规模发展吞噬着青少年的身心健康,给无数教师和父母带来困扰,造成很多的社会悲剧。那么,除了在前两节中我们通过介绍的网络成瘾的种类、特征及网络成瘾的症状来认知网络成瘾,还有没有可以测量网络成瘾的一般方法呢?本节将介绍目前较常用的网络成瘾的简单测量方法。当然,下面介绍的两种方法,只是目前比较认可的,而且只能作为参考方法。

美国心理学家金伯利·扬教授修订的"网络成瘾"诊断标准,分为10个问题,被试在其中5个及以上问题中回答"是"才可被诊断为"网络成瘾"。这10个问题是:

(1)你是否对网络过于关注(如下网以后还想着它)?

(2)你是否感觉需要不断增加上网时间,才能感到满足?

(3)你是否难以减少或控制自己对网络的使用?

(4)当你准备下线或停止使用网络时,你是否感到烦躁不安、无所适从?

(5)你是否将上网作为摆脱烦恼和缓解不良情绪(如紧张、抑郁和无

17

助)的方法？

（6）你是否对家人和朋友掩饰自己对网络的着迷程度？

（7）你是否由于上网影响了自己的学业成绩或朋友关系？

（8）你是否常常为上网花很多钱？

（9）你是否在下网时感到无所适从，而一上网就来劲？

（10）你上网时间是否经常比预计的要长？

学者比尔德制定的"5＋3"诊断标准也备受推崇。比尔德认为，只要满足"5＋1"标准，就可以诊断为网络成瘾。其中前5个标准是：

（1）是否沉湎于网络；

（2）是否为了满足而增加上网时间；

（3）是否不能控制、缩减上网时间和停止使用网络；

（4）当缩减上网时间和停止使用网络时，是否会感到疲倦、忧郁和痛苦或易怒；

（5）实际上网时间是否比原定的时间长。

这是网络成瘾的必要条件。除此之外，还必须满足后3个标准中的1个：

（1）危及重要的人际关系、工作、学习和生活；

（2）对家庭成员、临床医生和其他人隐瞒真实的上网时间；

（3）使用网络是为了逃避现实或减轻精神困扰。

当前研究表明，上网是否成瘾一般分为三个时期，每个时期都有其特点：

第一期：接近成瘾期。每天必上网玩游戏；一放学就进入网吧或回家上网玩半小时至1个小时游戏；回家吃完饭，先要上网玩一会儿游戏再去做作业；每天不上网会有点心神不宁。

第二期：轻度成瘾期。非常喜欢上网玩游戏或聊天；每天上网玩游戏或聊天约2个小时；不上网会出现焦虑状态，即紧张、敏感、心烦意乱、坐卧不安、注意力不集中、对许多事物失去兴趣。

第三期：重度成瘾期。将上网列为生活中最重要的事和最幸福的事；每天上网5小时以上；上网不知疲倦，可以不吃不睡；不上网会出现严重的焦虑状态，有的甚至会出现生理上的病态反应，如颈背肌肉痛、口渴、咽干、喉部梗塞感、手足麻木、头胀等。

如果经过测试,你属于网络成瘾者或者有网络成瘾的嫌疑,是不是该惊慌恐惧呢? 答案是否定的。无论你是否网络成瘾,都需要正确看待网络成瘾,做到"预防为主、防治结合"。

二、网络成瘾的干预

目前,青少年网络成瘾问题已经衍生出一系列社会问题,正如人们常发出感叹:"这网络像'潘多拉'魔盒一样,把魔鬼放出来了,再放下去,把小孩大人全吞噬了……"青少年是祖国的未来和希望,作为老师和父母,需要对青少年的上网行为予以正确的示范,防患于未然;而对于已上网成瘾的青少年,不要对其严厉批评,而是要多与其沟通,正确的引导。

预防青少年网络成瘾可以通过以下三个方法:

(1)拟定合理计划法。青少年要养成健康的学习和生活习惯、制订严格的学习和生活计划,有效控制上网的时间,非特殊情况,一般一天上网不宜超过4小时。例如,利用上网时间提醒或电脑自动定时关机,或采用闹钟定时等方式来控制上网时间。坚决抵制通宵上网的行为。若发现有成瘾的先兆,可采用不同的方式进行阻断。常见的阻断方法有空间阻断法、时间阻断法、外来物阻断法、内容阻断法等。空间阻断法:电脑等上网设备不要放在卧室等容易获得的地方,应放在客厅等公共空间,便于对青少年进行控制。时间阻断法:限制孩子上网时间,一般一天连续上网时间不超过2小时,长时间上网会对腰及下肢的血液循环、视力、大脑功能产生影响。外来物阻断法:用闹钟提醒上网时间,做卡片(警示上网危害)提醒,随时告诫上网成瘾的危害,控制自己上网时间。内容阻断法:对特定类型的网站(成人网站、不健康网站)坚决抵制和过滤。

(2)心理温暖法。在学校,教师在充分了解青少年特征的前提下,尽可能提供符合青少年兴趣爱好的课程内容和课堂形式,不让学生对学习产生各种负面情绪。同时,多组织课外活动,丰富青少年的学习内容,增加他们现实生活中的成就感。在家里,父母每天抽出一定的时间,多与孩子沟通、交流,了解他们在学校中发生的各种事情,洞察孩子的心理需求和变化,分享他们的喜怒哀乐,减少他们的孤独感,增加他们的幸福感。

（3）网络危害教育法。教师和家长客观讲述网络成瘾的危害，可以以"网瘾""网虫"等关键词和孩子共同上网，查找相关案例，共同分析，从心理上给予震撼，然后讲述如何正确上网。例如，教给青少年如何利用网络进行科学研究、实现个人发展，如何利用网络资源提高学习效率，如何进行优良信息筛选。这样，可以让青少年从心理上对网络成瘾产生免疫力，从而遵守公共道德规范，严格自律，杜绝各种不健康的上网方式。

学校在加强对青少年网络成瘾的预防控制方面，还可以从以下三个角度开展实施：一是学校需要加强青少年的管理，规范校内上网秩序，净化校内网络资源；二是加强心理健康知识的宣传力度，开展对"网络成瘾症"的预防和救助行动；三是积极联合和呼吁社会各界和部门，规范电子游戏市场，创建良好的社会文化环境。

对于网络成瘾的青少年而言，戒掉网瘾是一件极其困难的事情。因此，一旦发现青少年出现网络成瘾现象，老师和家长要及时进行正确的沟通和引导。那么，老师和家长该如何正确引导呢？

（1）关键问题：了解青少年关注什么。若发现青少年出现上网成瘾现象，教师和家长不能一味地去责怪、打骂孩子。此时，教师和家长应该更多地思考是什么原因把孩子推向网络深渊，这样才能对症下药，抓到问题的实质，从根本上治愈青少年的网瘾问题。要想知道青少年网络成瘾的具体原因，则需要教师和家长平心静气地和孩子交流，了解他们内心真正关注的东西。学者冯冬梅认为，只有了解青少年关注的事物才不会与他们产生代沟，简单粗暴地制止青少年上网会适得其反。那么，如何才能了解青少年关注什么呢？沟通是一种极其重要的方法。华中师范大学特聘教授陶宏开在黑龙江省举行与该省网瘾青少年的零距离见面会时认为，沟通是帮助孩子戒除网瘾的最好方法。

家长应该经常与孩子沟通，给孩子创造温馨的家庭环境。据调查，和谐家庭里的成员染上网瘾的概率要远远低于其他家庭。因此，很多青少年网络成瘾，都是由于缺乏家庭的温暖。由于社会节奏的加快，很多家长平时忙于工作，认为只要"吃饱了，喝足了，穿暖了，兜里有点零花钱"，孩子就会很幸福，但却忽视了孩子在成长过程中遇到的一系列心理问题，如孩子最近的烦恼是什么，和教师、同学相处是否融洽，孩子是否出现厌学情绪,孩子是否出现早恋现象等各种类似问题。而如果青少年在父母那里不能通过有效沟通排解内心的烦忧、无法得到内心想要的爱,便会将这种精神寄托于网上,在网上寻找各种安慰和发泄途径,便会聊天、玩游戏、看视频等。久而久之,他们便在网络世界中无法自拔。因此,父母在工作之余,应该多拿出时间与孩子进行心灵的沟通和交流,了解他们复杂的内心世界,分享他们的喜悦和忧愁。例如,家长可以陪着孩子做作业、玩他们感兴趣的游戏,既有利于增加亲子之间的感情,同时也可以适时引导和监督。

教师应该经常与学生沟通,给孩子创造和谐的学习环境。研究发现,容易上网成瘾的学生大多有不良的性格趋向,比如性格比较孤独、内敛、不愿意或者羞涩于与他人交往,这种孩子当他们心里有苦恼、纠结难以排解时,便会转向网络求助以发泄各种不良情绪。例如,有的学生求胜心理较强,但在现实生活中难以实现,便到网上寻求心理补偿;有的学生在人际交往中遇到问题,不知所措,也会急切地向网友倾诉;有的学生逆反心理太强,便在网上释放"天性"。对于这些存在心理缺陷的孩子们,教师应该及时沟通,对症下"药"。对他们而言,网络的隐匿性特征使得网络成为他们很好的倾诉对象:键盘就操纵在自己手上,想看什么就看什么,想说什么就和网友说什么,很快,他们就会迷上网络。因此,教师应该多利用课堂和课余时间关注学生的性格特点和情绪变化,特别是对于性格比较内敛、孤僻、叛逆等的学生更应该给予及时的关注。例如,通过课堂互动、课外活动,鼓励学生积极参与各种活动,帮助学生更好地适应并融入集体生活。例如,组织辩论赛、爬山、跳绳等比赛,既有利于学生个体情绪发泄,又有利于学生在活动中增加感情,因为减少了学生的不良情绪和无聊时间,也就减少了上网成瘾的概率。

(2)树立正确的上网观。首先,教师和家长要树立正确的上网观。教师和家长要对上网有正确和科学的理解,正确认清网络的益处与危害,在肯定网络益处的同时,也要正视网络的危害和不足。切不能对孩子的上网行为持过于乐观的态度,认为孩子上网"无所谓""学知识",也不能"谈网色变",认为孩子上网就是"危险"信号,对孩子的上网行为万般阻挠。

"上网"与"学习"并不是一对死敌,相反,若能正确处理好二者之间的关系,"上网"能够促进青少年的学业发展。网上会提供各种信息和资讯,可以帮助孩子开阔视野、增加知识面;网上提供的各种娱乐,也可以缓解青少年学习生活中的各种压力;网上交际,也可以帮助青少年加深友谊、减少生活空虚感;网上商城提供的琳琅满目的商品,省时省力,供其选择。只要青少年每天的上网时间控制在合理范围内、不影响其学习和生活,教师和家长不但没有必要紧张,反而应该鼓励,然后帮助青少年树立正确的上网观。网络是现代生活的必要工具,青少年应该有效利用网络这一工具更好地促进学习和交流,但绝不能沉溺于其中。

因此,教师和家长应该引导青少树立正确的上网观——上网是为了更好地生活、更好地学习,而不是生活就是上网、上网就是一切。家长和教师需要引导青少年正确处理生活和学习中遇到的各种问题:首先,建立合理的个人发展目标及切实可行的生活和学习计划。其次,合理安排和控制个人上网时间,如每天上网不能超过4个小时。同时,同学和朋友间可以建立相互监督机制。再者,扩大人际交流范围,多与教师和同学沟通,多参与各种集体活动。第四,培养广泛的兴趣,多参与现实生活中的文体活动,在现实生活中锻炼个人意志力,体验成功的快乐、获取失败的经验。

(3)丰富青少年的生活内容。网络成瘾者多半生活空虚,培养青少年的特长和爱好,能够丰富青少年的生活内容,可以帮助青少年预防和治疗他们的网络成瘾。学校应创造条件,开展各种活动,引导学生多参加集体活动。培养学生各方面的特长,开展多姿多彩、丰富的校园活动,包括文体活动、科技活动和社会实践活动等,丰富学生的课余生活,使青少年感受到现实生活的快乐,不会因单调、乏味的书本学习而沉迷于丰富多彩的网络世界。例如,组织各种体育运动,阅读一些名人传记,以陶冶情操、锤炼个性;带领青少年融入到大自然中,放松心情拥抱生活,发现生活的美好之处;引导青少年多与人沟通、交流,走出自我封闭的状态。

随着网络的普及,青少年网络成瘾现象越来越普遍。面对青少年网络成瘾切勿惊慌失措,需要"预防为主、防治结合"。

第四节　网络成瘾案例分析

随着社会的发展,生活节奏的加快,越来越多的青少年陷入网络成瘾中,不能自拔,而父母更是对成瘾的孩子们无计可施,头痛至极。本小节主要是提供两个青少年上网成瘾案例的分析及治疗过程,希望教师和家长能够从中获得启发。

青少年网络成瘾与其人格发展的程度和在现实生活中的状态密切相关。青少年的人格缺陷属于发展中的缺陷,可塑性很强,在对青少年的网络成瘾做好行为戒断的同时,应针对这方面的发展缺陷开展专业性干预,促进青少年人格完善性的成长。因此,青少年的网络成瘾是可以根治的。同时,实际中每个人遇到的问题都是不同的,这也就需要使用多样化、个性化的疗法才能满足每个人的需要。

案例六:
医生、矫正机构与家长合作干预
(一)基本资料

小天,男,1990年生。小学成绩名列班级前五六名,一直担任班干部。进入初中,开始打游戏,学业成绩开始上下起伏。中考差了几分未考上区重点,非常失落,有些自卑。家庭条件优越,从小以自我为中心,自尊心特别强。同时还表现出青春期版逆,时常与学校的教师因言语不当发生争吵,甚至与父母有身体方面的冲撞。最终因沉迷电脑游戏而影响学业,高中时期几乎没有正常的学习,现面临高考。

家庭背景:父母年纪均在50岁左右,都是高级知识分子,在单位各自担任重要的领导职务。父亲长期出差,小天从小由母亲照料学习和生活。在孩子的教育问题上,父母一般采取打骂的教育方式。

(二)问题预估

1.家庭问题

父母结婚后,为了事业,直到三十几岁才生下他。因此,父母希望他努力学习,不想他再重复自己的艰辛道路。平时母亲照顾儿子的生活和学习,没有自己的生活空间,对待儿子的教育是比较严厉的,而父亲采取比较放任自由的方式。而且,父母沟通不畅,父亲不太能听取母亲的意见和想法,总是批评,父母在教育上不能达到一致,导致母亲在孩子面前没有威信。

2.学业问题

高中二年级小天整天沉迷电脑游戏,旷课现象经常发生,成绩在班级倒数,能否考取大专都成问题。

3.心理问题

父母对学业的高要求,平时又没有娱乐的时间,长期处于高期望、高压力状态下,小天对学习产生了厌恶感。他曾试图改变学习状况,但信心不足,于是完全沉迷于电脑游戏。

(三)问题分析

首先通过与家长、青少年面对面交流,填写量表,评估网络沉迷程度。

小天填写了网瘾测量52量表和症状自评SCL-90量表,根据相关调研与所填量表分析:

(1)52量表:145分。52量表与实际不一致,从数据来看,属于正常范围内。

(2)SCL-90量表:分数超出正常范围的指标,敌对2.9,与实际表现较一致。一方面是对母亲,可能其正处于青春叛逆期,希望有自己独立的空间,而母亲可能还把他当作一个长不大的孩子。另一方面,他与学校教师常常因为言语不和,沟通不良,发生冲突。

(3)个性特征:敏感、偏内向。

(4)网络沉迷的实际情况:实际上可能属于一级(轻度)。

在母亲填写的问卷中,母亲对小天的评价是人较聪明,但对事情很敏感,自控能力很差,一不高兴就不去上课,一个人待在家中打游戏。看到儿子这个样子,父母一方面非常着急,却不知如何去解决问题,内心也非常痛苦。

综合上述所采集的数据和相关信息,可以采取社工配合家庭的治疗模式与认知模式去实施服务计划。家庭是一个人最早接受社会化及互动最多与最亲密的系统,因此对个人行为的影响也是最大的。如果要了解服务对象的问题或是对服务对象问题的解决有更有效的方法,应当关心服务对象的家庭。家庭除了是提供了解服务对象问题的主要分析单位,同时也是将要服务的对象,这是社会工作综融学派与生态学所支持的论点。认知行为学派在治疗过程中,以服务对象认知和行为的改变为目标,一方面协助服务对象自我了解和自我控制,另一方面也提供外在的监控和督促。其服务过程重在教给服务对象有效的应对策略,以处理他们所遭遇的压力情境。

(四)干预目标

1.总目标

培养学生树立信心,建立良好的家庭沟通模式,恢复正常的学习。

2.分目标

通过特训营,重新建立对网络游戏的正确认识;通过半封闭群体生活,逐渐摆脱对网络的依赖;引导学生认识问题,培养正确的学习观念;协助学生父母恢复家庭教育功能;与学生父母进行沟通交流,共同为学生提供确实有效的帮助;使学生重返学校,顺利完成高三的学习。

(五)干预计划

(1)利用在营地的生活,与学生建立专业关系,了解他内心的想法;

(2)与学生父母沟通,取得父母的信任和理解;

(3)让父母分阶段参加家庭教育的指导课程,恢复家庭教育功能;

(4)通过户外拓展和营地生活,锻炼并加强学生的自律性,提升他的人生价值观;

（5）通过与网络精英的对话，培养对网络的正确认识和使用方法；

（6）让学生参加同龄群体的互动游戏，了解他内心真正的想法；

（7）帮助学生改变学习方法，恢复学习上的自信；

（8）跟进服务，关注学生，让他不断健康发展。

（六）干预实施

前期准备：建立专业关系。通过亲切交谈，社工与学生建立初步的关系。随后在营地一周的相处时间内，社工通过询问野外营地生活的感受，以及在分组交流中一起分享野外活动中快乐和不快乐的事情，拉近双方的距离。利用自由时间，在比较轻松、安静的环境中回顾童年的快乐时光，释怀、宣泄心中的积怨，并对他的一些想法一一分析。每次学生参加团体辅导，社工会在一旁仔细观察，当学生遇到不愿意做的事情，社工会在旁给予鼓励和帮助，激发学生的团体意识，逐步建立专业关系。同时，社工安排父母参加家庭治疗的课程，使父母认识到以往家庭教育方式的缺陷，缓解家长的焦虑、紧张情绪，提高家庭的教育功能。隔天社工会将学生在营地的生活情况告知父母，并且安排母亲与专家一对一的辅导，再参观学生的寝室，母亲感到学生离开家以后，一下子变得成熟了，被褥铺得非常整齐，换下的衣服也洗干净晾好，原先的顾虑和担心才放下来。

改变沟通模式。进行换位思考，学员与母亲对视，感受母亲焦虑的心情，同时用对比方式，体会到母亲好的地方。双方达成契约：每周六下午四点到晚上十二点由学员支配，母亲可在十一点半提醒一下。在亲子沟通团体辅导活动中，与父亲组队，配合比较默契；而集体讨论的时候，不愿意坐在母亲旁边，站在外围，没有参与；并且在与父母同时对话时，正面对着父亲，总是侧面对着母亲，没有对视。尽管学生对母亲还有些排斥，但在最后，一家三口相拥在一起，母亲得到了儿子久违的拥抱,激动得流下眼泪。

中期介入家庭。与学生及父母共同制定目标,鼓励他制定人生规划,并且目标合理可行。邀请父母参加家长沙龙,巩固前期的家长课程,使学生重新回到经过调整的家庭环境中,在这个沟通模式中,恢复家庭教育功能。社工及时了解学生变化,当看到学生进步时,社工和父母予以表扬,强化正向行为,增强其自信。回家后的一个月,学生几乎与电脑绝缘,之后在高考压力下,社工及父母对学生提出适度的要求并给予支持,之后的月考成绩也不断进步。

兴趣转移,学会放松。自营地回家之后,学生结交一些同龄男孩,开始学习滑板,在紧张的学习之余,利用滑板放松心情,学习的兴致也越来越高。当看到学生变得心情开朗,学习成绩上升,母亲焦虑的心态也逐渐趋缓,母子关系也融洽了。

(七)干预评估

社工运用家庭治疗模式及认知行为方法打破原先固有思维模式,重建家庭沟通模式,恢复家庭教育功能,使学生确立了人生目标,提升了他的人生价值观。目前学生遇事能冷静处理,认识到学习的重要性,而且学生有想法时,能主动和家长沟通,对父母的抵触减弱减缓,师生关系也得到很大的改善,学习成绩稳步上升。母亲的高考焦虑,以及对儿子的紧张程度降低。

(八)个案反思

青少年网瘾一般出现于初中时期,而且处于青春期这个敏感特殊阶段。当家长求助时,已达到一定程度,提前干预青少年成长和家庭问题是重要的,家庭早期主动求助才会有利于青少年健康成长。由于在多名专家指导下,缩短时间,提高有效性,社工在工作和学习、理论和实践的过程中也获得成长。开展个案的费用由政府承担大部分,特训营受益人群比较有限,但这样的公益性服务可以尝试向更多青少年和家庭推荐[1]。

---

① 佚名.中国统一教育网:青少年网络成瘾案例[EB/OL].[2012-08-16].http://anquan.tongyi.com/index.php/content/detail/419.

案例七：

教师与学生互动干预

目前,痴迷电脑游戏的现象在小学的中高年级发生率比较高,出现的问题也较多。许多小学生沉迷于电脑游戏,一旦上瘾,就会难以自拔,严重地影响了他们的身心健康,这是一个值得学校、家长和社会关注的问题。下面讲述的是一个小学六年级学生电脑游戏成瘾的案例。

(一)基本情况

韩前(化名),男,小学六年级学生。身体健康,发育良好。父母工作忙,照顾孩子比较少,爸爸管教孩子比较严,但家中老人非常疼爱这个孙子。该生语、数、外三门功课都有过不及格现象,学习成绩在班上倒数,个别科目只有30分,性格有点内向,但言语表达清楚,喜欢玩电脑游戏,见了电脑眼睛就发光,操作电脑也灵活自如。

(二)主要行为

该生小学中年级学习开始滑坡,五年级时,家里买了一台新电脑,同学约他玩电脑游戏,他便偷偷地装上了游戏软件,从此一发不可收拾。

在学校里,他上课不听课,而且不遵守纪律,但无品行方面的问题,他想继续混下去,直到小学毕业。家长很着急,但对他痴迷电脑也无较好的解决办法。以前教师认为他学习差主要是记不住,还感觉他心理健康方面有点问题。现在他痴迷于电脑游戏,痴迷的程度为每天玩游戏近3小时。如果不玩会出现焦虑、心慌、坐立不安等问题,同时还有不愿意上学或逃学等行为。

该生自己认为:学习不好是自己笨,记不住。而且觉得教师和家长也是这么认为的,所以不想上学,想离家出走。对玩电脑游戏,他感到很过瘾,玩得很开心。如果不让他玩他会很难过,所以每天不由自主地要玩,家人拦也拦不住。对电脑游戏,他自认为是玩得最好的,另外他还喜欢踢足球,希望成为一名足球明星。

(三)诊断分析

从该生的情况看,玩电脑游戏次数正不断增加,并从中获得心理满足。为玩电脑他减少了社交、娱乐,影响了正常的学习生活,并出现了不玩电脑"很难过"等反应,所以教师初步判断他是因学习不适应导致了痴迷电脑游戏。可他并不是单纯的电脑痴迷症,因为他喜欢踢球,说明他可以离开电脑游戏;也不是单纯的学习无能,因为他愿意读自己喜欢的书,可以描述的很清楚,并且有自己的见解。

学业失败使韩前对学校学习失去信心,家长和孩子本人都认为是记忆力不好,不能学习,从而进一步强化了韩前"不能学习"的概念,经过反复强化以及考试的多次验证,使他选择放弃学习。通过玩电脑游戏,韩前得到一种从未有过的心理满足,有了成功的感觉,从而痴迷于电脑游戏。韩前的自卑来自于学业失败,但他内心渴望得到成功,渴望得到尊重,通过玩电脑游戏激活了他想要成功的愿望,内心得到了很大的满足。因为他在电脑游戏中已做到了最好,而且他还想成为一名足球明星。

教师设想,只要将成功的满足感转移到非电脑游戏上,他是能改变电脑痴迷行为的。六年级后,教师试着对韩前进行如下帮助:

在思想方面,使韩前改变对学习的不良认识,打破家长和韩前都认为韩前学习不好,是因为记不住的怪圈。从他最喜欢的事情入手,逐渐增强他的自信心,教师认为只有在电脑游戏以外也得到成功的满足感,韩前才能减少玩电脑游戏的次数。如果满足感迁移到学习上,韩前才有可能喜欢学习,进而提高学习成绩。

在行为方面,针对韩前得到的表扬和鼓励太少的现状,运用正面奖励办法来减少韩前玩电脑游戏的次数。

(四)辅导思考

第一次辅导:

辅导目标:了解该生的基本情况和主要问题特征(问题聚焦),以及他对问题的认识和感受,为进一步辅导做准备。

教师:你对目前的状况很不满意,想学习又学不好,白天想去打游戏,学校、家长又不同意,你感到很烦恼是吗?

韩:是的……

教师:你能具体谈谈吗?

韩:……(不语)

教师:(换了一个话题问)你读过什么书?对你印象深刻的书有哪些?

韩:《三国演义》。

教师:能说说其中的人物吗?

韩:有刘备、关羽、张飞、曹操、诸葛亮、孙权、周瑜、黄盖、徐庶……

教师:能说说其中你最喜欢的人物吗?

韩:我最喜欢关羽。

教师:你对《三国演义》里哪个人物的描写印象比较深刻?

韩:诸葛亮。

教师:我觉得你的记忆力是很不错的。

韩:我喜欢读的书还是记得住的。

过了一会教师问韩前:你目前最想做什么?

韩:打电脑游戏。

教师:玩过哪些游戏?

韩:《星际争霸》《红色警戒》《帝国时代》……

教师:玩得怎么样?

韩:是我们班玩得最好的。

教师:你为什么能玩得这么好?

韩:……说不清。

教师:在玩的过程中,你有什么感觉?

韩:非常开心,有成功的感觉。

教师感到他这么喜欢玩电脑游戏,一定有非常吸引他的地方,如果不了解电脑游戏和他为什么喜欢电脑游戏的原因,是不可能走近他,进而帮助他的。通过家访,教师发现在电脑游戏的天地里,他表现得无拘无束,尽情欢乐。经过艰苦激烈的"战斗",他最终取得了胜利,那种喜悦是很令人激动的,也是难以用言语来表达的。

韩前说:"在学校、在家里,我只有听老师的话、听家长的话,按照他们的要求去做事,去完成作业。现在学习压力大,心里很紧张,又没有地方去宣泄,现在我可以去玩的地方又很少。在电脑游戏里,我是主人,我可以控制整个'战争',可以改变形势,让整个计划按我的要求(意志)去发展,所以我一有时间就想打电脑游戏。"

教师查阅了心理学方面的资料:孩子们在玩电脑游戏的过程中,心理上容易得到满足,生理上容易达到兴奋点,因而大脑会产生较多的兴奋物质——吗啡肽,使孩子有非常愉悦的感觉。原来孩子玩电脑游戏也是有心理和生理机制的,难怪韩前这么喜爱电脑游戏。

第二次辅导:

辅导目的:从玩电脑游戏这个话题入手,逐渐迁移到改变对学习的认识。

在韩前痛快地玩了游戏以后,教师与韩前交谈,对他说:"韩前,我看到,只要你努力就会有结果,玩电脑游戏你已经很好,你想不想在其他方面也做得很好,比如,让学习也有变化,这需要你的努力,也需要用时间来证明,你要是能够从电脑游戏中走出来,你的学习一定会有变化的,我们一起想办法好吗?"韩前用眼睛看着教师不语。

教师问韩前对学习的看法,他认为学习不好是自己笨,"老师讲课我什么也听不懂,记不住。我坐在教室里很难受,盼望下课,盼望回家去玩电脑游戏,在那里我很开心。"

教师:"如果你真的很笨,你怎么能将最先进的电脑游戏玩得这么好? 你记不住,你怎么能告诉老师《三国演义》的主要内容和重要人物的特征？你对你喜欢做的事，就很开心。"

韩："让我想一想……看来我在有些方面的看法好像有点不对。"

第三次辅导：

辅导目的：助人自助，启发韩前自己寻找改变的目标。确定目标，并让韩前将目标具体化，还要考虑自己为此需要付出些什么？为下一步行动做好准备。

韩："老师你说的话，好像有点道理，我想试试看，改变一下自己。"教师问，想一想，准备改变什么？

韩："我想在学习上有点变化，和同学关系变得好些。"教师请他具体谈一谈。

韩："学习上能有点进步，最好能够得到老师的表扬，同学能对我亲切点，不再用轻视的眼光看我。"

教师对韩前说："你的想法很好，你能为此做点什么呢？"

韩前看着教师说："老师，这个问题我没有想过，让我回家好好想想。"

第四次辅导：

辅导目的：认知改变以后，准备进行行为矫治的辅导，首先要与韩前共同确定辅导的具体目标和奖励的办法。

韩："我准备上课时，要认真听老师讲，不懂的地方记下来，下课再看看书，仔细想一想，如果还不懂，再去问老师或者同学，争取每天学懂一点新东西。在学校主动与同学打招呼，积极为班级做事，放学后，不去打电脑游戏，先回家做作业，再干其他事。"

教师肯定了他的想法，并鼓励他去做。

最后教师问韩前："如果你能克制自己少去玩电脑游戏，并使自己的学习有进步，你最想得到的奖励是什么？"

韩："我最想得到一套世界名著，还有能够隔天踢一场足球。"

教师："你能不能将喜欢的事从喜欢到非常喜欢排列一个顺

序。"

韩:"我最爱做的事情从喜欢到非常喜欢排列顺序是,卡通书,电玩书,名著,踢足球。"

根据韩前的愿望,教师们一起商量了奖励的具体办法:

(1)第一阶段:由每天玩一次减少到每两天玩一次(一次2~3小时)。上课能认真听老师讲,并坚持半个月。奖励一本卡通书,每两周踢一场球。

(2)第二阶段:每周玩1~2次(一次2小时),上课能回答老师的提问(老师事先为他准备的问题),坚持半个月。奖励一本电玩书,每周踢一场球。

(3)第三阶段:每周末玩一次(一次2小时)。能完成老师为他布置的作业,坚持一个月,奖励一本中国名著,每周踢两场球。

(4)第四阶段:每2~3周玩一次(一次2小时),坚持三个月,考试成绩比以前有进步,奖励一套世界名著。每周踢三场球。

韩前表示同意。

教师还想办法提高韩前课堂学习的积极性,并协调韩前与其他教师和同学的关系。

第五次辅导:

辅导目的:通过成功感的迁移和行为奖励的方法,逐步改变韩前痴迷电脑的行为。

行为改变过程:

一开始,韩前不去网吧很难过,只在家里浑身不舒服,干什么都提不起劲,就想玩电脑游戏。

他对教师说:"老师,我很难受,但我在努力克制,这种滋味真不好受。"

教师:"我能理解你的感受,你现在能克制自己很不容易,老师相信你能战胜困难。你现在如果看你喜欢的书,情况会改变一些。还有你可以出去踢球,与小伙伴们游戏。"

于是韩前就采用踢球和看书来转移对玩游戏的渴望。

韩前在坚持……

第一阶段的行为坚持过去了,韩前得到了他喜欢的书。

韩前对教师说:"老师我有进步了! 我很开心。"

教师:"老师同你一样开心!"

通过一段时间(两个月)的辅导,韩前的精神面貌有了很大的改变,上课态度认真了,也积极发言,作业完成情况有了好转,与同学关系也融洽了许多,打电脑游戏的次数逐渐减少。

韩:"老师,电脑游戏确实很吸引人,但我从电脑游戏之外也得到了快乐。"

教师:"在什么方面?"

韩:"从同学中,在学习上,我觉得我还是一个能成功的人。"

教师:"你是怎么知道的?"

韩:"老师你看,我能玩好电脑游戏,也能控制自己少玩一些,我在学习上有了进步,不是说明我只要努力,就会成功吗?"

(教师很高兴!)

教师:"那你还想成为足球明星吗?"

韩:"想。不过要等我多学点知识,长大一点再说吧。"

(五)结　语

随着电脑普及程度的提高,喜欢玩电脑的人数在迅速增加,对电脑痴迷的小学生也随之增多,怎么看待这些现象,如何去关心和帮助孩子们? 虽然本案的辅导没有结束,但他留给教师的思考却很多很多……小学生电脑游戏痴迷的矫治,的确已成为一个令学校、家长头痛的问题,作为教育者不能只是简单地去禁、去堵,而应结合心理辅导,引导孩子从电脑游戏迷恋中走出来,把在电脑游戏中追求成功的精神转移到学习上去,并在学习中获得成功的体会。为了消除电脑游戏的负面影响,为了孩子的健康发展,教师应当结合心理辅导,用爱心与耐心去关注每一个需要帮助的孩子,拨正困难学生的发展航向,这不仅有益于学生,更有益于社会。

孩子游戏成瘾之后怎么办? 这是一个非常令人头痛的问题。作为离孩子最近的人,父母或者其最亲近的家庭成员应该是网络游戏成瘾治疗中的关键,他们应该为青少年的上网做出正确的引导。青少年沉迷网络游戏与父母的态度、行为以及相互之间的沟通状况关系最大。有些父母在发现孩子网络游戏成瘾之后,不是细致耐心地教育,更不会先了解孩子的生活经历、心理波动,而是采用粗暴简单的方式,或打或骂。这种恨铁不成钢的急切心理往往适得其反,不少孩子产生逆反心理,甚至对父母充满了怨恨,于是他们更加确信只有在网络游戏中才能获得成就感。"家庭治疗"是干预青少年网络游戏成瘾的有效措施,通过改变家庭成员之间的不良交往模式或者家庭结构来改变家庭心理问题和症状。如果在孩子与家长之间形成一种良好的沟通关系,那么解决孩子沉迷于网络游戏的问题就容易多了。据了解,在美国,"家庭治疗"现在已经成为解决青少年网络成瘾、吸烟、酗酒等问题的有效治疗方式。在发达国家都有严格的游戏分级制度,成立于1994年的美国游戏分级组织"娱乐软件定级委员会"将游戏分为"EC""E""E10+""T""M""AO"几个级别,分别对应于3岁以上儿童、6岁以上儿童、10岁以上儿童、13岁以上儿童、17岁以上成年人以及只限18岁以上的成人。虽然我国制定了一些分级标准,但是在实施过程中仅仅是推荐和建议性质的,并没有强制执行。严格的游戏分级制度必然会规范游戏制作者的行为,也使得青少年能够在一定的指导下正确上网。如此来看,破除网络游戏成瘾之忧,出台严格的分级制度刻不容缓[1]。

小 结

网络到底是人类的智慧助推器,还是大脑损伤剂? 心理学家、生物学家等正力图解开这个谜团。有研究指出,网络可以促使大脑形成新的神

---

[1] 佚名.心理咨询案例:小学生网络成瘾的咨询报告[EB/OL].(2011-02-20)[2012-08-16]. http://www.233.com/xlzx/anli/20110220/103237614.html.

经通路,以适应网络大量涌入的信息流,大脑的注意力技能得以改善;还有研究调查发现,每星期玩游戏48小时的志愿者的多任务技能比以前提到了25倍,网络游戏爱好者看到这里会不会洋洋得意? 可是,也有研究指出,与非成瘾者相比,网络成瘾者的大脑白质出现异常,某些神经纤维出现中断,而这些纤维与人的情感、决策、自我控制有关。同样有研究表明,网络技术将导致数字土著某些神经回路和脑区出现退化。

当代中小学生伴随网络成长,网络对学生的影响显著而且微妙。网瘾作为最被社会关注的问题而成为研究的热点,越来越多的研究表明网络很可能从本质上改变着人类的大脑。普通网民尚不能避免网络对大脑的"改造",而网瘾患者对网络的依赖程度远超过普通网民,那么网络对他们大脑的影响可能远远超过我们的想象。网络之所以能够导致大脑变化是源于大脑的神经可塑性(Neuro-plasticity)。神经可塑性指的是当我们学习一项新技能或改变原有思维方式的时候,就在重写自己的大脑:新的神经元连结形成,现存神经突触的内部结构发生变化。网络时代下,搜索引擎、电子游戏、网络购物、即时通信、社交网站等众多新鲜事物的出现将人类大脑置于前所未有的网络空间(Cyber-space)中,众多新异刺激的事物推动着大脑形成新的神经通路。

如今,网络空间成为了人们学习、工作、生活不可或缺的场所,我们的生活方式改变了,大脑也在悄悄地发生着变革。我们要做的是避免对网络的过度依赖,更多地利用网络带来的正向作用。对大脑的可塑性有了更多了解之后,让我们暂时离开"闹哄哄"的网络,静下心来问自己一句:我的大脑,你可安好?

思考题

1.常见的网络成瘾有哪几种类型? 其内涵是什么?

2.网络成瘾对青少年的危害有哪些?

3.如何防治青少年网络成瘾?

4.可以从哪些方面分析和治疗青少年网络成瘾?

第二章　数字鸿沟：上代人的偏见与 这代人的寂寞

中山大学学者程乐华在接受《青年周末》记者采访时说过，对上一代人而言，网络是工具，对这代人来说，网络就是世界，这一观点极其精确地阐释了网络对两代人的不同影响，从深层次反映了两代人之间的数字鸿沟。那么，什么是数字鸿沟？美国国家远程通信和信息管理局定义：数字鸿沟（Digital Divide）是指一个存在于那些拥有信息时代工具的人以及那些未曾拥有者之间的鸿沟。数字鸿沟体现了当代信息技术领域中存在的差距现象，这种由网络技术产生的差距既存在于信息技术的开发领域，也存在于信息技术的应用领域。在我国，上代人的偏见与这代人的寂寞是对网络产生不同认知的本质原因。本章重点介绍这两种不同的认知：上代人的偏见——网络是工作；这代人的寂寞——网络是世界。

第一节　上代人的偏见：网络是工作

在21世纪的中国，一系列新词在互联网上广为流行。中国网民在自杀、代表等不及物动词或者形容词前加个被字，组成了一种新的网络语法，此种语法看似荒谬却也发人深省。随着"被就业""被代表""被捐款"等网络红语的大肆传播，近期"被网瘾""被戒网"也开始广为流传，并迅速成为网络热词。其揭示的主要社会现象是：上一代人（明确区分网络和现实的那一代人）对网络新生代（80后和再年轻些的这代人，他们认为网络就是现实，现实就是网络）的生活方式的不理解。

上代人认为，网络只是一种工作或者是一种工作的工具。数字原住民认为，网络已成为他们赖以生存的环境，网络是他们的世界。因此，两代人对网瘾的认识也无法达到一致。由于两代人对网络认知的不同，也使得上代人制定的网络标准并不能很好地被这代人接受。于是，"被网瘾""被戒网"现象屡见不鲜。加之，社会舆论的热议和炒作等因素，网瘾青少年就像摇钱树一样，许多非法和不正规的网瘾治疗机构对其虎视眈眈，想从其身上牟取暴利。本小节主要内容是讲述由于上代人对网络的偏见引发的青少年"被网瘾""被网瘾"后的青少年和家长的苦不堪言及非正规网瘾治疗机构的网瘾治疗真相。

一、网瘾标准不明确：青少年"被网瘾"

尽管如此，"被网瘾"和"被戒网"的行动还在继续。"网瘾"的各种界定标准的研究也成为焦点，备受关注。其中，较有影响力和争议性的是由北京大学第六医院精神卫生研究所和中南大学精神卫生研究所负责的网瘾、酒瘾界定标准和治疗规范，专家们初步认定每周上网40小时以上即可认为是网瘾。这一标准的出台，立马引起了热议。很多人认为，这种以时间为标准的"一刀切"判定网瘾，是极其不合理的。例如，医生蒙华庆认为"单纯用每周上网超过40小时就判定上网成瘾，这种界定方法欠妥"。他认为，上网是否成瘾主要有两个指标：一是心理状态，即是否有不可控的上网欲望；二是上网目的，即是工作需要还是满足个人快感和欲望。

另外，很多网民本身也觉得40个小时的标准，具有其不合理性。很多人认为，虽然每周上网时间已经超过了40个小时，而且不完全是工作需要，已经完全符合网瘾的标准，但上网并没有影响他们的正常生活和工作，反而让生活更充实。因此，并不能说其是"网瘾"。例如，在某国企工作的张小姐目前还是单身，她有些郁闷地表示，平时旅游、找朋友玩，泡吧都是生活必备的项目，但大家哪里能天天聚，下班没事只好在家上网，基本每天挂在网上的时间都在10小时左右。又如，小王是网游的老玩家，他肯定地说："我没有网瘾，我喜欢游戏，但我正常工作；我天天上网，但我朋友很多。网络可以让我的生活更丰富。"又如，小王觉得玩网游对于他而言是个相对比较健康的休闲方式。

也有不少人认为，"40个小时"的标准从时间确定、科学论证上都是很严谨的，是极其合理的。例如，重庆陪都药业股份公司总经理、重庆医药商会会长唐良平认为，"不论是青少年还是成人，从学习和工作角度来说，都适用于40小时这个界定标准"。因为，从常人角度来讲，每天工作时间为8小时，成瘾者每天上网时间长达6小时，除了睡眠时间和必要的生活时间，成瘾者没有其他可以支配的时间了。而陶然在《新京报》采访他时也强调，网瘾标准的制定是很严格、很谨慎的，是在充分调查的基础上得出的结论，有着重要的科学依据。他说，标准制定"先后用了4年的时间，对3 000名网瘾患者进行调查研究，确定时间标准为9.3±3.2小时，最终取其下限及其整数，定为6小时。这个时间恰巧和美国专家同天公布的研究数字不谋而合。任何人都可以按这个标准进行自测，接近6小时则是高危人群。但如果为了工作或者学习，哪怕每天在网上逗留的时间超过10个小时，也不能算是网瘾"。

尽管目前对网瘾"40小时"的标准还存在较大的争议。更有调查表明，将近六成的网民认为其不合理。这给"网瘾"的界定带来了很大的麻烦。而由于没有更明确、更细致的标准出台，以上网时间来衡量是不是"网瘾"的方法还是较受欢迎的。同时，对于许多老师和家长而言，通过上网时间长短判断是否上瘾较为直观明了、易于掌控，但却忽视了时间之外的许多细节问题。而且由于该标准制定机构的专业性和权威性，故其影响力和辐射力还是较大的。于是，很多教师和家长开始惊惶失措，谈网色变，这带来的后果是很多无辜的孩子都被冠以"网瘾"的罪名。

二、"被网瘾"演变升级：青少年变"试验小白鼠"

早在2009年，中央电视台报道：我国网瘾青少年已经有1 300多万人，戒除网瘾已经悄然成为了一门拥有300多家机构，规模达数十亿元的产业。在缺乏有效监管的这一灰色地带，不少机构利用家长病急乱投医的心理牟取暴利，各种急功近利的戒瘾方法让不少网瘾少年在身体和心灵上又一次遭受伤害。于是，无论是"真网瘾"还是"被网瘾"，青少年开始承受"被戒网"的各种痛苦。电击、群殴、集训、徒步远行……青少年们就像是实验室的小白鼠一样，在无奈与无助中接受着各种各样的试验。有的专家还把网瘾界定为精神病，如陶然。他在接受《新京报》采访时，便明确地表达了网瘾应该归入到精神病范畴的态度，且阐释了原因，具体内容如下：

新京报：您一直主张将网瘾归入到精神病范畴，对吧？

陶然：是的。世界卫生组织有明文规定什么叫疾病，给自己或他人带来了痛苦，社会功能受损，这两点就可以界定为疾病。网瘾给自己带来了痛苦、给家人带来了痛苦，符合这个规定。其实，瘾有好瘾，也有坏瘾，任何东西成瘾就是疾病。瘾不一定是坏事，但要是导致社会功能受损，那就是疾病。比如说美食上瘾，一个人吃来吃去吃成肥胖，吃出病了，上班因高血压经常休息，这就影响社会功能，这就是病。

无疑，若将网瘾归入到精神病范畴，可能会给家长、教师和青少年带来更大的痛苦。正如胡泳在接受《新京报》采访时认为"按精神病治会出很多问题"。

胡泳：为什么我觉得不能够匆忙做这个事情，是因为我们知道一旦你把一种东西界定为精神病，你就有用精神病治疗方式来治疗的正当性。

新京报：正当性？您具体说明一下。

胡泳：因为一旦界定他是精神病，这个人就可能被送到精神病医院去。大家都知道精神病医院带有一种强制性，我们已经有过大量的当事人被亲属强行送到精神病医院。当你把一种不是特别清晰的东西界定为精神病的时候，等于说就获得对这个人进行精神病治疗的合法性，也可以被送到精神病医院，也可以被强行吃药[①]。

显然，陶然和胡泳是代表了两种主流的观点。暂不讨论这两种观点孰对孰错，但至少"网瘾是否是精神病"这一论题给教师和家长又注入了一针强心剂，加之大量培训机构为了获取利润，对"网瘾是精神病"

---

① 佚名."网瘾"凶猛，"治网瘾"更凶猛？[EB/OL].（2009-09-01）[2012-10-20].http://game.people.com.cn/GB/48647/167712/167754/9965913.html.

这一观点的大肆渲染和宣传,导致许多无知的家长带着无辜的孩子走向深渊。

电击治疗法出现了。据《中国青年报》等媒体报道,之前在号称"戒除网瘾第一人"的杨永信所开设的"戒网瘾中心"里,"患者"先后都承认自己"有网瘾"。如果不承认,那就送上电击床"过电",一直到承认为止。在"过电"被山东省卫生厅取缔之后,让"患者"承认换成了"脉冲"。两种方式特点都是"生不如死",而结果则是"不承认就继续"。

药物治疗法出现了。上海市心理咨询中心传出消息说,一项药物综合戒除网瘾的全新治疗项目将在新学年首次由该中心推出,届时,那些因为子女醉心网络不可自拔而痛苦的上海父母们又多了一线希望。据了解,未来的戒除网瘾药物主要包括抗抑郁剂和抗焦虑剂两大类,中药被彻底排除在药方之外,具体采用的药物将会有百忧解、氟伏沙明(兰释)等西药品种,所有这些药物都是处方药,必须由医生来严格掌控。

这些残酷治疗手段不断出现,教师和家长之所以能残忍地让平时连打骂都舍不得的孩子去接受治疗的原因很明显,即在成人社会的想象中,网瘾对于青少年就像是一头怪兽,它残酷地吞噬着沉溺在其中的青少年们的"现实""亲情""良知"。网瘾变成一切罪恶的理由,无恶不作,罪不可赦。甚至教师和家长们开始拒绝青少年与网络沾边,谈网色变。于是"被网瘾""被戒网"现象越来越多,而在各种网瘾治疗过程中,"网瘾"青少年们"苦不堪言"。

随着南宁一15岁少年"戒网瘾"致死后,一系列关于网瘾治疗、戒除网瘾训练营的报道铺天盖地,"戒网瘾"这一话题再一次被推到了风口浪尖。当电击治网瘾、军训打死人等各种戒网惨剧发生时,当网瘾被视为一种仿佛毒瘾般的"不端行为"时,当网瘾如洪水猛兽般冲击家长或成人社会原本就焦虑不堪的心灵时,强制与暴力就会在一些灰色地带中滋生和蔓延,这不得不引起社会、教师和家长的高度重视。

案例一:

　　16岁少年小鹏(化名)在被父母送进戒网瘾训练营后12小时离奇死亡,事件披露后引起各方极大关注。南宁警方昨日召开情况通报会,向媒体通报了案件进展,目前,涉嫌对小鹏实施暴力行为的四名训练营教官已被刑事拘留。

事发当天在受害人小鹏身上究竟发生了什么? 这家专为网瘾少年开办的训练营究竟是否具备相关资质? 在训练营受训的其他学员又将何去何从? 昨日,训练营负责人向记者表示,当天小鹏确实与教官发生了口角和肢体冲突。

死亡少年身上伤痕累累。

"我们是8月1日下午3点钟才走的,将孩子托付给训练营。"小鹏的姑姑邓洁边抹着眼泪,边向记者回忆当天送小鹏来学校的情景。当天,小鹏的父母和姑姑、舅舅一起将小鹏送到这里。"这孩子,除了喜欢上网外,什么都好。"邓洁向记者讲述,前一天,他爸爸为了安抚他,还带他到北海玩,然后连哄带骗把他送到这所学校,安慰他说只要1个月就来接他回家。千叮咛万嘱咐后,几名家属才离开学校向小鹏告别,没想到,这一别竟成了永别。

2日凌晨3点15分,小鹏在医院被宣布抢救无效死亡,而此时距其父母离开仅过了12小时。在这12小时里,小鹏在训练营究竟遭遇了什么?

小鹏的父亲邓飞告诉记者,当天他们走后,训练营马上要求小鹏投入训练,在操场上跑步,小鹏实在跑不动了,教官便让另外两个同学拉着他跑。其后小鹏被教官关了禁闭。"在禁闭室里儿子遭到毒打,有人告诉我里面还有血迹。"到了晚上,同宿舍的学员发现小鹏情况不对了,才向教官报告。"听他的同学向医生介绍,当晚12点,儿子躺在床上一动不动,忽然喉咙里发出怪声,上半身一拱一拱地挺立起来,活像僵尸一样。"

等到小鹏送到医院,已经回天乏术。吴圩镇卫生院的病历复印件显示,小鹏是8月2日凌晨3时被送到卫生院的。当时医院诊断的症状是:呕吐、大汗淋漓、呼之不应、双眼上翻、四肢时有抽搐。3时10分,邓某的呼吸停止;3时15分,心电图呈一条直线,被宣布抢救无效死亡。"我是2日上午7点才接到警方电话，被告知自己的儿子死了。"邓飞告诉记者，刚听到这个消息，他的脑袋"嗡"地一下炸开了，根本不敢相信。更令邓飞愤怒的是，他向校方负责人询问，对方竟然说儿子是因为感冒发高烧送医院的。

"校方明显在糊弄人，看看我儿子身上的伤，就知道他肯定是被人打成这样的。"邓飞说，儿子一向身体健壮，还在北海游泳时救过一名妇女，平时根本很少感冒。再说，感冒也不致死。他还向记者出示了儿子生前和死后的照片。记者看到，在北海玩耍的小鹏白白胖胖，赤着身子，裹着一条浴巾，面露腼腆的微笑。另一组照片则触目惊心，小鹏七窍流血，口鼻处塞满了血块，面目浮肿，手臂、腿上、肚皮上伤痕累累。邓飞告诉记者，这些照片是2日晚上他们在殡仪馆拍的。翻着儿子的照片，邓飞眼眶含泪，泣不成声。

涉事训练营根本不具资质。

16岁少年在训练营戒网瘾不到1天，便浑身伤痕离奇惨死，这究竟是一个什么样的训练营？又进行着什么样的训练？

记者在邓飞与训练营签订的《委托辅导、培训协议书》上看到，甲方为"广州励志体育活动策划服务部"，最后落款单位公章为"广州番禺励志体育活动策划服务部"，而训练营名称则为"南宁起航拯救训练营"。

昨日下午，记者致电南宁江南区工商局、教育局和文化管理局3家单位，均未查到"南宁起航拯救训练营"的登记资料。三方共同证实，该训练营不具备资质。那么，这个训练营和加盖公章的"广州番禺励志体育活动策划服务部"又是何种关系？记者了解到，广州也有同样的"起航拯救训练营"，训练营基地设在广州番禺区，曾在莲花山、湛江等地办有分校。然而，这些训练营在今年3月已经被有关部门查封。

番禺区教育局办公室负责人告诉晨报记者，"广州起航"曾以"做一些简单培训"为办学宗旨，在当地工商部门取得经营资质。而在具体经营中，该训练营证件不全，且无限扩大招生规模,却没有相应改善教师、教学等软硬件设施。后来在番禺区综合治理办公室牵头下,区工商局和教育局联合依法取缔了其办学资格。

另外,一名曾在广州起航拯救训练营当心理辅导教师的吴莉(化名)也向晨报记者证实了此事。但对于南宁、广州两所"起航"是否有直接关系,吴莉表示"这很难说"。据她透露,在培训机构行业,人员流动性很强,教学模式很容易被复制。"广起"被封后,部分员工很有可能去其他培训机构。

此外,由于该训练营藏身于广西电子技工学校内,不仅记者寻找艰难,不少当地人也不知其位置。它和这家技工学校又是什么关系?对此,该校招生办主任李永顺接受记者采访时透露,南宁训练营是一个独立经营运作的机构,同广西电子技工学校没有实质关联,仅是租用学校场地而已①。

三、"被戒网":网瘾青少年变"摇钱树"

随着"被网瘾""被戒网"引发了一系列的不良后果,网瘾更引起了社会各界的关注。虽然,"每周上网40个小时就是网瘾"的标准已经被官方否定,但"被网瘾"这个词却越来越受欢迎。"少年被送入戒网中心12个小时后丧命"的新闻足够警示,但仍然有不少青少年"被戒网"。

同时,网瘾的治疗机构越来越多,其治疗方式不科学,家长需要承受高额的费用,于是,网瘾少年变成了许多治疗机构的摇钱树。据《中国青年报》报道,有人查了北京、山东、河南、陕西等地5家提供网瘾治疗服务机构的收费标准,每月治疗费用在3 000元至14 800元不等。

目前,我国的网瘾治疗机构多数是挂靠在医院、学校、工商管理部门的咨询培训机构。由于缺乏监管部门,并且网瘾程度的鉴定、治疗效果的鉴定,收费金额,治疗方法都没有统一的标准,这也是造成目前暴力戒网瘾,治疗单位牟取巨额利润现象存在的原因。

---

① 佚名.少年被戒网教师打死续:训练营曾在广州被取缔[EB/OL].(2009-08-05)[2012-10-20].http://news.163.com/09/0805/09/5FUM55OP00011229.html.

案例二：

女儿戒网瘾缴纳了6 000元，母亲"不配合"罚款2 000元。

2009年8月13日，有着中国戒网瘾第一人之称的华中师范大学素质教育专家陶宏开的家里，来了母女俩。女儿叫小雪，是一名网瘾少年。她们是从山东临沂一家网瘾治疗机构逃出来的，而让这母女俩匆忙出逃的主要原因，是一种让她们感到十分恐惧的电击疗法。

回忆当初接受电疗的情形，小雪心有余悸："一个仪器两个电极棒，一个抵在太阳穴，一个在这额头上。"逐渐加大的电量产生剧烈的疼痛让小雪难以忍受，但一挣扎，就上来七个人摁着她。在4个月的网瘾治疗期间，小雪共被电击12次。她说，这种电疗的痛苦，留下的不仅仅是恐惧，心里还多了憎恨——恨网戒中心负责人，恨父母。小雪的母亲很难过："我觉得对孩子的心灵上真的造成创伤了。"

除了电疗，每天200个体罚似的跪拜操也让小雪难以忍受："要五体投地连续做完，做到四五十个已经顶不住了，腰部疼痛不已。"后来的CT检查结果发现，小雪的腰间盘突出了。为了避免再受折磨，小雪母女宁可舍弃4 000多元没花完的治疗费，匆忙逃离了网戒中心。小雪的母亲还透露，当初除了每月6 000元的治疗费用，网戒中心还制定了各种"制度"，要求家长配合孩子治疗，否则就要罚款。4个月下来，小雪的母亲被罚了大概2 000多元。陶宏开教授告诉记者，早些时候向他求助的都是刚刚患上网瘾，没有任何戒网经历的网瘾青少年，但如今向他求助的，都是在治疗过程中再次受到伤害的网瘾青少年，这种现象让他感到十分的着急和担忧。

一个疗程每人收27 000万元，网戒中心发迹8 100万元。

在山东省临沂第四人民医院网瘾戒治中心，一位家长透露："以前的电击疗法不用了，现在采取的是针灸那样的仪器。"这里的负责人杨永信曾向媒体介绍，用电击让患有网瘾的孩子产生痛苦,是他们治疗网瘾的有效手段。但据记者了解,电击疗法之所以停止,是因为不久前国家有关部门的禁止。

临沂第四人民医院网瘾戒治中心所使用的这台DX-2A型电休克治疗仪,是专门用于治疗狂躁型精神病的抽搐型治疗仪。有专家对这种治疗仪研究指出,由于治疗方法剧烈,对于心肺功能较差,患有严重肝肾疾病的人,老年人、儿童,以及患有中枢神经系统疾病的人,一定要慎用,否则会有造成认知损伤的危险。而据国家有关部门认证,该网瘾戒治中心使用的这台DX-2A型电休克治疗仪为非法产品。

一位家长介绍了医院的收费情况:"一个月6 000元,不算生活费。"而在这6 000元的治疗费中除了电击,就是吃药。更让家长纳闷的是,医院并不告之药物的名称,更没有价格明细。记者按照临沂网戒中心宣传中所提到的已经治愈的3 000名孩子为基数,以每个孩子每月6 000元,按照每个疗程四个半月计算,每个孩子的收费为27 000元,这家网戒中心这几年仅收取治疗费用就达8 100万元。

全国300个戒网瘾机构,争夺数十亿元的大市场。

我国网瘾青少年已经从当初的400万增加到1 300多万,"戒网瘾"已经形成了一个庞大的市场。目前我国有各类戒除网瘾机构300多个,网戒机构利用网瘾少年家长们病急乱投医的心态大行其道。一些治疗单位采取了电击、药物、体罚等强制手段,给孩子带来了治疗上的第二次伤害。中国青少年网络协会秘书长郝向宏表示,由于没有相应的标准制约,一些机构也没有自己相应的科研力量,所以就产生了五花八门的救治手段,这样的救治效果是难以衡量的。

而网瘾孩子在网戒机构花费的巨额治疗费用,以及家长的陪护费用、往返交通费,更让许多家庭不堪重负,不少家长认为,它是一种暴利。对此,陶宏开教授非常担忧:"不能利用家长病急乱投医、挽救孩子这种心态高收费。必须统一管理,不能这样混乱下去了。"专家们建议,在可能的条件下,我们国家的公共财政要有一部分向青少年网络成瘾救治方面投入,这样一来可以把家庭的负担在有限的条件下降低一些①。

第二节 这代人的寂寞:网络是世界

学者程乐华做过一个实验,实验对象是"85后"与"90后",实验结果表明,这代人认为网络和现实没有区别,虚拟空间并不虚拟,网络世界就是现实世界。这表明,在这代人眼里,网络就是他们依赖的生存方式,甚至有时会觉得,网络就是他们的世界,网络比网络之外的现实生活更具有意义,而产生这种问题的原因与青少年的寂寞和网络独特的魅力有着很大的关系。

一、网络犯罪缘由:青少年的寂寞

中国青少年犯罪研究会的统计数据显示,近年来,青少年犯罪现象呈不断上升趋势,青少年犯罪总数占全国刑事犯罪总数的70%以上,其中十五六岁少年犯罪案件又占青少年犯罪案件总数的70%以上。与此同时,从近几年中国青少年犯罪的情况来看,呈现犯罪低龄化、在校学生集体犯罪增多、暴力抢劫犯罪增多、作案方式成人化、作案手段凶残化和科技化等特点。近些年来,这种案例屡见不鲜②。

案例三:

抢劫5元钱沦为抢劫犯。

2004年1月20日凌晨零时许,银川市某中学读高三的王某某等四人在某网吧碰面,其中马某提出"弄点钱"上网,其余三人表示同意。四人来到兴庆区丽景街交警二大队附近,将路过此处的郭某从自行车上拉下,对其一顿拳打脚踢,抢得现金5元后逃离现场。案发后四人相继落网。法院认为四名被告行为构成

① 杨虞波罗.戒网瘾市场已达数十亿 网瘾少年变摇钱树[EB/OL].(2009-09-01)[2012-10-20].http://game.people.com.cn/GB/48647/167712/167754/9965966.html.

② 佚名.受网络暴力内容影响 中国青少年犯罪率五年狂飙七成[EB/OL].(2007-01-16)[2012-10-20].http://news.ifeng.com/itsociety/2/200701/0116_348_63573.shtml.

抢劫罪,对其进行判处有期徒刑,缓期执行并处罚金的处罚。因在缓刑期内,他们为此失去了宝贵的高考机会,但悔之晚矣。

案例四:

学做"古惑仔",一少年沦为"杀人犯"。

未成年人高某,家住沈阳,高某性格较内向,初中毕业后赋闲在家。高某在上海旅游,在旅馆休息期间,电视正好播放电影《古惑仔》。以前他就很喜欢这部电影,此时更觉热血沸腾,拿刀砍砍杀杀的感觉十分吸引他。于是,邪恶的想法充斥整个大脑,为寻求刺激,他拿起水果刀出了旅馆大门,正巧碰到在上海某大学就读的小玲和一起打工的同事路过,高某便模仿电影里的情节,持刀冲向素不相识、无怨无仇的小玲,对着她的胸部、腹部等部位连续刺戳十余刀后,弃刀逃逸,可怜的小玲因失血性休克而死亡。日前,高某被上海长宁区法院判处有期徒刑13年①。

案例五:

模仿电视自杀,十岁女孩走上不归路。

2003年的8月26日晚7点,在北京西坝河附近的一个小区里,一名年仅10岁的女孩,把爸爸的围巾系在自家厨房的暖气管子上,上吊自杀了,并留有一张遗书,遗书的内容是爸爸不爱妈妈,希望爸爸妈妈能和好。但是她父母的感情很好,家庭一直很和睦,一家人过得很幸福,父母为其自杀感到疑惑。后来,经其父母回忆,在不久之前,他们一起看过一个电视剧,剧中写得就是一个女孩因父母感情不和上吊自杀。而他们的女儿自杀的手段方式均是模仿电视剧而来,是电视让她走上了不归路,使她就这样轻易结束了自己的花样年华②。

---

① 佚名.学做"古惑仔"一少年捅死一女大学生[EB/OL].(2012-02-10)[2012-10-20].http://china.findlaw.cn/bianhu/qitaanli/wcnfz/8836.html.

② 黄钦.七岁女孩模仿电视剧中自杀情节 在家中上吊身亡[EB/OL].(2005-03-09)[2012-10-20].http://news.qq.com/a/20050309/000353.htm.

案例六：

网络"英雄""飞天"死。

2004年12月27日，天津市塘沽区某小区13岁男孩，玩网络游戏上瘾，在连续玩了36个小时后，被爸爸妈妈从网吧找了回来。第二天早上6点，他神情恍惚，走出家门，爬上24层楼顶，用一个标准的飞天的姿势跳下了大楼，带走了自己的花季年华，留给了爸爸妈妈一辈子也抚不平的疼痛。在他留下的薄薄4页遗书中，他说大第安、泰兰德、复仇天神是他的3个好朋友，这3个人都是网络游戏"魔兽争霸"中的人物，他认为他是他们当中的大英雄，他可以飞天，他把虚拟的网络世界当成了真实的世界，于是惨剧发生了[①]。

随着报纸、杂志、电视、尤其是网络等媒介的不断发展，媒介充斥着社会生活的方方面面，网络是青少年的生存环境，青少年生活在其中，容易受到计算机和网络等媒介给他们带来的负面影响。加之青少年时期是从个体走向成熟的过渡时期，是发展的关键时期，他们在个体生理逐渐发育成熟的同时，心理也表现出新的特点。由于网络时代独特的社交方式及中考、高考各种压力的存在，使得很多青少年感觉孤独和无助，而这种网络时代的寂寞是青少年网络犯罪的一个重要原因。青少年的寂寞与其成长特点和成长环境密不可分：

第一，应试教育下，青少年缺乏情感关怀。应试教育，青少年苦不堪言。为了能够取得好成绩，家长和教师煞费苦心，坚信学习要从娃娃抓起，于是选择好的幼儿园、好的小学，不惜一切代价帮助孩子中考、高考。在这种心理的支撑下，很多老师和家长都抱着急功近利的态度，认为"成绩可以证明一切""考上大学就是唯一目标"。这导致的后果是：忽视了对孩子的情感关怀和道德引导，使得很多孩子没有人生信念和追求，成为"死读书"的牺牲品。青少年在这种环境中承受着教师和家

---

① 王继然.男孩连上36小时网后自杀 家属状告游戏开发[EB/OL].(2005–11–23)[2012–10–20].http://news.qq.com/a/20051123/001161.htm.

长带来的各种压力,他们非常在乎自己的学习成绩,也明白学校和家长的"赏罚规则",但由于各种诱惑,如网络游戏、网络电影等,都让他们分散精力,影响学习。这导致的后果是:青少年想要取得好成绩,但同时又不能有效抵制外界诱惑,两者形成恶性循环,使得青少年受挫较重,产生悲观情绪。

第二,面对束缚,青少年叛逆心理较强。从出生到青春期,青少年出现两个逆反期,第一个时期是四五岁时,第二个时期便是我们常说的青春期。尤其是青春期的孩子,心理叛逆较为普遍,对教师和家长的教育容易反感。另外,"80后""90后"及之后的孩子又比较特殊,多数是独生子女,从小受到父母的关注较多,家长溺爱孩子。同时,家长又将整个的期望寄托在孩子身上,希望孩子能成龙成凤,光耀门楣。于是,不断地给孩子报各种补习班,希望孩子成绩能够好上加好;给孩子报各种辅导班,希望孩子能够多才多艺。在教师和家长看来,学习是一种永无止境的行为,没有最好只有更好。教师和家长忽略了孩子不是学习的机器,而是一个自由的个体,过于束缚只会激起他们的反抗。这导致的后果是:青少年在教师和家长那里都无法获得真正的自由,生活较为压抑,心理压力越来越大,叛逆心理越来越强。加之青少年自控能力较差,当教师和家长的束缚给其带来烦恼和不便时,网络提供的各种宣泄方式,如聊天、娱乐等,则备受他们的欢迎和喜爱。

第三,身心发育期,喜欢交往。青少年处于身心发育期,他们喜欢结交朋友,对异性朋友开始充满各种好奇。"早恋"就如同"网瘾"一样,足以让教师和家长惊惶失措。于是,教师和家长采取各种措施防止早恋的产生,如学校制定各种校规禁止早恋,家长则千防万防以减少孩子与异性接触的机会。作为孩子,当他们的交往不能被教师和家长接受时,便会感觉到茫然,不知该如何处理内心的情感需求,内心冲突会越来越大。与此同时,网络不仅可以为其提供各种各样的理想朋友,充分满足青少年的倾诉需求,也可以缓解其内心的不良情绪,满足青少年对异性的好奇。这导致了让教师和家长更加担忧的第三种后果——网络早恋。网络早恋与网络的快速发展有关,与独生子女的寂寞有关,也与学校和家庭教育的缺失有关。

二、网络独具的魅力:信息传播优势

随着社会的发展,网络信息传播的优势越来越显著,主要表现为信息量大、传播速度快、传播范围广。一般而言,网络信息传播主要有两种途径:教育及日常人际交流。网络通过这两种途径进行知识信息传播的过程,又表现出各自独特的优势。

(一)网络在教育中的知识信息传播优势

网络在现代教育中的地位是举足轻重的。它作为一种教学工具,在教学的不同阶段担任不同的角色:在教学资源开发过程中,网络主要担任教育资源开发工具的角色;在课堂教学内容讲授过程中,网络主要担任教育资源传播工具的角色。如图2-1所示,教育资源开发工具主要应用于资源开发者选择合适的资源开发内容后,对资源进行选择、编码,加工为图像信息。教育资源传播工具是将已开发的图像信息传递给学习者,以供学习者学习使用。

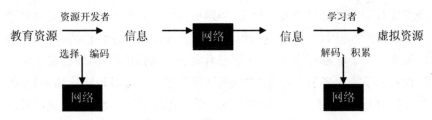

图2-1　网络信息传播过程图

1.网络资源的多样性是教育资源开发和传播的物质保证

不同的媒体会使用不同的"语言",往往会使我们对同一事件产生不同的看法①,而媒介在教育中的存在形式是多种多样的,如用于教学信息采集的信息采集设备(计算机、摄像机、录像机等视频、音频编辑软件),用于对教学素材进行加工处理的图像处理软件(PS)及一些常用的教学制作软件(如PPT、Authorware、Flash、Dreamweaver)等。网络资源的多样性是教育资源开发和传播的物质保证。

---

① 邵瑞.中国媒介教育[M].北京:中国传媒大学出版社,2006.

2.网络的"仿真"功能丰富了教育资源的表现形式

鲍得里亚指出,现代符号生产阶段的显著特征可以称之为"仿真"(Simulation),"仿真"只是对现实的一种模拟,并不代表是真实的。媒介"不但足以'展现'、'表现'现实,而且能够'虚拟'现实",因此,教育资源开发者在开发资源过程中,若是在现实中不能找到或者很难找到合适的资源或者找到某种资源所需要的成本太高,可以考虑通过网络获取相应的媒介工具合成虚拟的资源。如一些危险程度较高的物理化学实验,可以通过用Authorware软件制作教学实验以供课堂展示。

皮亚杰认为,认识论关系的建立,既不是对外物一个简单的复本,也不是由主体内容预成结构的独自显现,而是包括主体与外部世界在连续相互作用中逐渐建立起来的一套结构。主体与外部世界连续相互作用主要包含同化和顺应两个过程,两者只有达到有效的动态平衡,学习者才能更好地认知。基于此,教师可以根据媒介夸大或者缩小客观现实的特性,在资源设计过程中设立矛盾点。一般而言,"当图式被激活后,对即将学习的内容便产生了一种预期"[1]。预期同所学习的内容一致时,图式将促进主体对所学材料的理解。相反,当预期同所学材料不一致时,就会对理解不起作用[2]。因此,矛盾点的设置应与学习者的"预期"相结合,既不能低于或等同于学习者的"预期"(学习者完成了同化过程,但没有实现顺应过程),也不能太高于学习者的"预期"(学习者不能很好地同化知识)。因此,借用媒介设置矛盾点,有利于激发学习者的学习兴趣,提高学习者的批判能力,活跃课堂氛围。这也是网络在现代教育中受到追捧的一个重要原因,更是青少年接触网络、熟悉网络的基本途径。

(二)网络在人际交流中的知识信息传播优势

进入现代社会,人们强调相互交流沟通,传统媒介也强调与大众的互动,为读者提供交流平台。读图时代的来临,以图像为传播元素的视觉文化的发展符合读图时代大众的交流需求,因此,印刷媒介也逐渐由单一的

---

[1] 彭聃龄,谭力海.语言心理学[M].北京:北京师范大学出版社,1991.

[2] 陈金明.现代图式理论与语感教学策略[J].首都师范大学学报:社会科学版,2009(6):148-151.

文字传播形式转向以静态的以平面图像为主要内容的传播形式。平面媒体通过版面设计、装饰,合理的排版使文字布局更符合人们的视觉审美习惯,更能够突出重点。例如,一方面使用大号的标题引起人们的注意,使用艺术字体增加版面的美感;另一方面增加摄影图片的比例,加强新闻的真实性和视觉冲击力,使新闻更生动、易懂。

网络在人际交流沟通方面,要比传统媒介更有影响力、更方便、更快捷。网络电视和电影传播的是动态、连续的图像,较之声音、文字信息,图像是信息传播的主要形式,占据了绝对的优势。网络电视是一种大众化的视听媒介,电视画面能够传达丰富的信息,电视直播使视觉传播更迅速,更有现场感,更具震撼力。同时,电视媒介能够充分发挥其娱乐、休闲功能,而网络电影则更注重提高画面的艺术表现力,无论是电视还是电影,都可以让大众了解到不同区域的文化特点,知晓时下发生的重大事件,了解对待同一事件不同机构、不同个体的态度等,这些都促进了人际交流的发展。而互联网集成了多媒体的优势,它可以即时传送文字、声音、图像,传播速度快,复制容易,网上收发电子邮件更方便、快捷,QQ新奇、及时,聊天室轻松愉快,BBS的讨论自由、广泛,人们通过这些途径,可以与许多互不相识的人交谈、来往,互相帮助、互相倾诉。互联网在加强大众主动性和互动性方面有着突出的优势,因此,网络、手机等新兴媒介已成为新世纪人们沟通交流的重要工具。

总之,网络就是传统社会交往的一种延伸和拓展,相当于在传统交往的基础上增加了一条通道。因此,网络在信息传播中主要有如下特点:

第一,网络是获取信息的有效载体。由于网络的共享性、广泛性、规模宏大,它能够提供给青少年丰富的资源,如学习资源、娱乐资源、社交资源等,满足青少年的各种需求;它能够满足青少年强烈的好奇心,在现实生活中,出于各种原因,青少年常常无法了解真相,也就很难对事情的发展做出应有的预料;它能够有效地帮助青少年获得所需的信息和资源。

第二,信息交流的范围大大拓宽。网络的共享性,有利于增加青少年的社交范围、拓宽视野。没有网络的时代,一个孩子想要认识外国的朋友,并与外国的朋友随时侃侃而谈几乎是天方夜谭。网络出现以后,与千里、万里之外的朋友聊天、玩游戏等各种互动已不再是神话,而是家常便饭。这不但丰富了青少年的知识,也利于帮助青少年摆脱空虚、寂寞、无聊等负面情绪。同时,网络中由于身份的虚拟性,青少年可以大胆地、实事求是地诉说自己的烦恼和忧愁,能够缓解各种压力,有利于身体健康。

第三,网络提供多样的信息。现实中,很多信息不易获得或者无法获得。如破坏性的实验、科幻等在现实中都是难以获取的资源,但是,网络却可以轻松地提供类似资源。同时,各种心理体验、某些现实不易实现的幻想,也可以通过网络得以满足,例如,网上赛车游戏可以体验极速的快乐,却又没有危险性。

第三节　理解:缩小数字鸿沟

美国哈佛大学网络社会研究中心和瑞士圣加仑大学信息法研究中心深入研究了网络化生存问题,研究目的是更好地理解和支持数字时代长大的这代人(即上文中提到的数字原住民或数字土著)。换句话而言,就是从理解的角度研究青少年喜欢上网、沉迷于网络的原因。他们提出了一个新的概念——Digital Natives,梁文道在凤凰卫视的《开卷八分钟》里把这个术语翻译成——数字原住民。是网瘾可怕,还是对这批网络新生代的不理解可怕? 随着各种青少年戒网瘾惨剧的发生,不得不说,是从理解的角度来看待这批出生在网络下的一代人的时候了。

一、理解青少年的生存环境

据广西当地媒体报道因将儿子送进"戒网瘾夏令营"而痛失爱子的邓某,一直到现在都没弄明白"网瘾"到底是什么。在接受采访时这位悲痛的父亲回忆说,儿子生前很叛逆,喜欢上网,他自然而然就认为儿子患上了"网瘾",是一种病。可一直到现在,就是在儿子的死亡报告上,他也没找到任何与"网瘾"有关的权威界定。邓某只是觉得儿子叛逆和喜欢上网就断定儿子是患上"网瘾",却没有考虑到,青少年处于成长期,叛逆是正常现象,而青少年生活在网络时代,网络已经不仅仅是他们学习和工作的工具,而是与他们的生活息息相关,所以喜欢上网也情有可原。如果邓某能从沟通的角度去理解儿子的叛逆原因，从青少年的生存环境去理解儿子喜欢上网的原因，也许悲剧就不会发生。因此，理解，首要是理解青少年的生存环境。

与上代人相比，特别是伴随着网络成长起来的"80后"和"90后"及以后的孩子，他们的日常行为发生了很大的变化。以曾经的视角来审视他们的一些行为习惯，无疑会觉得不正常、甚至不可思议。但他们的生存环境确实是发生了巨大的变化，特别是90年代网络在我国普及之后，人们对信息的依赖渐强，对数字生活的需求越来越大。

南京大学网络传播研究中心主任杜骏飞在接受记者采访时说过，其实，来自人文关怀意义上对于人类信息行为改变的恐慌，每个时代都会有，并不是互联网时代的新现象。20世纪80年代初刘文正不是有首歌叫《电动玩具》，里面唱道，"电动玩具乒乓地跳，点唱机又吼又叫，少年们手动心也跳……从早到晚孩子找不到，气得把嘴唇天天咬"；还有罗大佑也唱过，"我们不要一个被科学游戏污染的天空，我们不要被你们发明变成电脑儿童……"虽然时代不同，但是这种焦虑是共通的。其实这无可厚非，但要知道，反应过度也不是一种好的教育方针。而且即便存在标准的网络成瘾患者，也要注意如何归因、如何教育、如何矫正和如何治疗等问题，他们本人可能并不是主要诱因，而是综合因素作用的结果。比如缺乏家教，缺乏精神寄托，缺少良师益友，又或者某些游戏具有腐蚀性、依赖性。特别是未成年人，正处在受教育期，所以对他们的管束和所谓医疗应该上溯到对整个社会环境的治理。

网络的出现和普及是人类科技对人类生存环境提出的重大挑战。在网络之前出生的人属于前网络社会成员，他们经历了前网络社会的生活并适应了前网络社会的生活模式。因此，当网络社会到来时，他们需要抛开既有的生活模式，开始学习上网，逐步适应网络带来的种种变化。对这些人而言，"上网"是生活中一种特殊的行为，是一种不得不学会的行为，就像文字时代不得不学习写字一样，网络时代必须学会上网。因此，上网就像做作业一样，可以以时间为单位合理地分配。然而，伴随着网络出生的人，他们一出生面对的就是网络环境，网络是他们生活的重要组成部分。他们喜欢从网上获取信息，就如同上代人喜欢打电话询问信息；他们喜欢在网上玩游戏,就如同上代人喜欢在街上找个同伴下象棋;他们喜欢在网上聊天,就如同上代人喜欢几个朋友聚在一起谈天论地;他们喜欢在网上购物,就如同上代人去市场购买各种生活所需。对这一代人来讲,"上网"渐渐变成一种习惯的生活模式,无论是在电脑桌前上网还是用手机等移动设备上网,百度、谷歌、博客、微博、QQ、MSN、游戏、人人网、开心网……就是他们的生活。

因此,对于青少年网络成瘾问题,教师和家长需要放宽心,从青少年的生存环境去理解青少年喜爱上网的原因,正确看待网络的功能。网络是时代发展的产物,既然人类选择使用网络,那从社会发展的角度来讲,网络是适应社会需求的,是体现社会进步的新科技。新科技是一把双刃剑,有利有弊,但总体而言,利大于弊。

综观全世界,网络已经成为人们赖以生存的工具。如一个孩子爱看书,整天泡在图书馆里,父母和教师就能接受,不会认为他有"书瘾",但若一个孩子整天在网上看书,很多父母和教师则无法接受,认为他有"网瘾",都是看书,为什么在图书馆我们就认为理所应当,可换在网上却罪不可赦呢?又如,在热恋时期,很多人会茶不思饭不想,不见面就心神不宁、满腹愁容,见面后便开心无比,情绪波动很大,喜怒无常。但是,所有人都能理解这种行为,没有人将其定义为恋爱成瘾。因为,在恋爱环境里,成年人恋爱的一系列行为都是被世人认可的正常行为。那么,在网络生存环境里,为什么青少年稍一恋网,教师和家长们便如热锅上的蚂蚁了呢?还有,在现实中,喜欢结交朋友,融入社交圈子,往往是教师、家长和同伴们所推崇的,但为什么在网络中,经常游逛于聊天室和朋友、陌生人聊天却会遭到批判?同样,电影时代,很多人崇尚电影,出现了各种影迷,但大家认为这种粉丝热是正常现象,还有很多人痴迷于音乐,痴迷于武术,或许他们的作息也没有规律,时间的分配也不够明智,他们执着于喜爱的东西如痴如醉,但我们只当是一种爱好,却没有像看待"网瘾"一样惊慌失措,也没有用处理网瘾的方法去残酷地对待他们。

也许,这只是几个简单的例子,但却可以引发教师和家长的思考,那就是网络已经成为一种新的生存环境,一种比之前更先进更具有吸引力和挑战力的生存环境。的确,网络中的青少年,也许没有经常和同伴们一起出去玩，看似没有朋友，但他们可以在网上与朋友聊天、交流各自的生活体验和学习心得，还可以认识一些异国他乡的朋友，获得很多之前不知道的知识；他不跟同学们在外边玩纸牌、捉迷藏，但可以在虚拟空间里斗地主、抓宝藏，锻炼合作能力，同时也有利于智力的开发；他可能没有出去逛街购物，但他在琳琅满目的淘宝商城中，东挑西拣，锻炼了他们的辨别能力。也许，在上代人看来上网脱离了现实，只是上代人没有更好的理解这代人的生存现实，上代人对这代人的生存现实抱有一定的个人偏见，没有很好地从前网络时代转折到网络时代。

因此，教师和家长需要在适应这一环境变化的同时，对成长在网络环境下的新一代有信心，相信他们基本的自制力和判断力，任何的批评都要基于仔细的观察和科学的依据，而不能凭借自己的主观意愿或者社会舆论妄下判断。

二、理解青少年的爱玩天性

自网络出现后，就引发各种争议，有人给其冠予各种罪名，有人对其大加赞赏。有人说："网络会丧失写字能力""网络让年轻人不读书、不看报、甚至不看电视""网络使未成年人上网成瘾，逃课逃学逃家"，更有甚者说"网络将毁掉我们的下一代"。也有人说，"网络要从娃娃抓起""网络是最先进生产力，拒绝网络，就毁掉了祖国的未来"等。其实，网络只是一种工具。对于青少年而言，网络这种工具就像一个万能的玩具，能更好地满足其爱玩的天性。因此，理解，还要理解青少年的爱玩天性。

程乐华做过一项关于网络游戏中的角色死亡问题的研究，实验显示，对网络游戏认同的这代人，他自己的网络 ID 比亲情更重要，这一实验的结果发人深省。他在实验中发现，对网络游戏比较认同的那些人，一旦让他想象自己的角色丧失，甚至让他想象他所加入的游戏工会丧失，便会提升他的死亡体验。换句话说，网络中的群体意义和网络中的个体意义对这些人来说非常重要，即使是自己亲人的死亡带给他们的体验可能都不如网络角色的逝去给他们带来的体验更强烈，这个实验结果令人意想不到。

这一实验结果残酷地反映了上网对于网络这代人的重要性并不亚于

网络之外的世界。同时,这个极端的实验也说明了网络游戏的巨大魅力在于它符合并能满足孩子爱玩的天性,所以,游戏有足够的吸引力聚焦孩子的眼球,让孩子青睐它。其实,不光孩子爱玩,现在很多教师和家长也都喜欢在开心网上玩"争车位""买卖奴隶"等各项游戏,但他们却不会觉得自己有"网瘾",因为他们认为这是消磨时光的一种娱乐手段。可是,青少年在网上玩游戏,也许也是为了缓解学习压力、消磨时光,很多教师和家长就面露难色、不可容忍,若是这样,这便是对人性的一种压制。爱玩是人的天性,成年人尚且喜欢玩,更何况青少年。教师和家长应理解虚拟生活的魅力,理解孩子爱玩的天性,并且适当地参与和引导,而不应一味地批评,这样可以增进与孩子的感情,缩小数字鸿沟。例如,教师和家长可以培养孩子在网络游戏中人际交往能力、创造能力及理解各种社会规则和道德规范等。

很多青少年网络成瘾是由于教师和家长过于"惧网"、以保护青少年为理由拒绝青少年与网络沾边,尤其是与网络游戏沾边,而青少年又处于成长的特殊时期,需要不断学习新知识、接受新事物,他们好奇心强、求知欲强。因此,当青少年想上网却遭到教师和家长的压制时,时间久了,他们自然叛逆,不服从管教,更容易成瘾。反之,若在现实中,教师和家长能多拿出点时间给孩子上网,多安排孩子喜欢的活动,如体育运动、各种游戏、旅游等满足青少年爱玩的心理,也许网瘾就不会成为一直困扰教师和家长的难题了。

杜骏飞在接受采访时说:对网络的使用和依赖程度,我认为大致可以分为三种情形[①]:

第一种是对像淘宝网这样的购物网站的依赖,这是一种典型的功能性使用。就像有些科学家对数据库的依赖,学生对搜索引擎的依赖,家庭主妇对电话购物的依赖,这个说到底是一种路径依赖,其实很正常。

第二种就是开心网这种情况。在开心网上"买卖奴隶""争车位",其实并不是一种简单的网络迷恋,实际上是一种玩家的成就感。比如我要挪车位,因为这样我就能挣钱,挣钱了就可以买虚拟汽车。这个过程跟下

---

① 支玲琳.网络成瘾:一个被放大的问题[EB/OL].(2008-11-29)[2012-10-20].http://news.xin-huanet.com/internet/2008-11/29/content_10429690.htm.

围棋赢了一盘是同样的道理。我自己也登录开心网，这其实是一种新型的网络应用SNS(Social Net-working Services)，属于真人实名化的网络交际方式。而所谓的买卖奴隶和争车位，不过是这个游戏中的小插件而已。

第三种属于比较极端的，就是沉溺症。属于只及虚拟一点，不及现实其余，最终完全对现实生活产生了遮蔽，行为和认知心理产生了偏执和强迫性。比如一个人对买卖奴隶达到了病态的程度，一定要买到最贵的那个，否则就很难受；或者必须在游戏中生活，否则就很痛苦。这就是另外一回事了，这种人实际上已经具有了病态人格，不能操控自己，那就很危险了。

这也告诉我们一个道理，如果孩子只是出于天性，就像女孩子喜欢布娃娃、男孩子喜欢玩具枪一样，只是单纯地出于娱乐或减压的状态去网上玩，而不是极端的沉溺其中，达到一种病态，教师和家长是没有必要过于紧张地去干涉。正如*Born Digital*一书中阐述的道理：人们一直担心互联网会对年轻一代造成伤害，但事实是，孩子们很好。而且，在网络影响下成长起来的"网络一代"，将是有史以来最聪明的一代。之所以会出现这种现象，也是青少年对网络生存环境的一种良好的适应。毕竟，《进化论》中就提到"物竞天择，适者生存"，惧网是对网络生存环境的一种惧怕。教师和家长，需要调整好心态，从容面对网络环境，面对网络环境中的新生代。

三、理解网络中的观看之道

有淘宝经验的人可以知道，淘宝网上琳琅满目的商品，看似非常漂亮，可真正拿到实物后，有时难免会失望，特别是在商品的色差、细节等方面，照片和实物相差较大。原因是卖家为了吸引买家，利用摄影技术及强大的PS功能尽可能掩盖物品的瑕疵而突出物品的精良之处。同样，一些政界人士在选举过程中为了赢得选票，会不断夸大自己的人格魅力或者是夸大对手的缺点。另外，电影明星的炒作事件也是为了吸引大众的眼球，有意无意地通过媒介来扩大自身的影响力。这是一种典型的利用网络夸大现实的做法，即为了达到某种目的，利用网络将客观现实扩大，使得这种现实高于客观现实。

家喻户晓的《焦点访谈》节目,它的基本原则是选择"政府重视、群众关心、普遍存在"的选题,坚持"用事实说话"的方针,反映和推动解决了大量社会进步与发展过程中存在的问题。鼓励大众参与,每天栏目平均能收到2 300条来自观众通过电话、写信、传真、电子邮件、手机信息等方式提供的收视意见和报道线索。这种题材来源于生活、反映生活、回归生活的出发点为其客观公正的发展奠定了基础。如《"罚"要依法》《巨额粮款化为水》《难圆绿色梦》《和平使沙漠变绿洲》《"粮食满仓"的真相》《吉烟现象》《铲苗种烟违法伤农》《河道建起商品楼》《洗不掉的恶行》《追踪矿难瞒报真相》《想要通知书先拿十万来》等节目曾经在社会上引起广泛关注,观众每天可以通过短短的13分钟了解到社会发展中普遍存在的各种问题。另外,一些纪实的摄影展等也是通过相机将客观世界反映给观赏者,观赏者可以通过观看作品,受到启发和教育。这是一种相对客观的现实呈现,带有较少的主观意愿。

今年某地一教育局局长被害,发布有违官方意愿信息的网站均被封锁,而相关官方网站则保持沉默或者只发布对自身有利的言论。另外出于某些政治原因,隐瞒灾区实情等,这是典型的利用网络缩小现实的例子,通过网络媒介,缩小社会现实,减小社会影响力。现众就如同被放在井底的蛙,看到的只能是井底上的那片可以而且需要看到的天。此外,各种科幻电影,如《生化危机》,通过制作特效便能为现众提供震撼的视觉盛宴,它展示出的是一个与现实完全不相符的"现实"。换句话说,这种科幻世界只能在网络中呈现,现实生活中根本就不存在。

通过网络可以给我们呈现如此绚丽多姿的世界,同时如此多的网络现实,也增加了我们明辨是非的难度。网络时代,既然无法摆脱无处不在的网络,我们就需要采取积极的态度去面对网络。因此,理解网络中的观看之道,明辨网络中的是非曲直就显得十分重要。那么,我们如何在网络中独具慧眼,观看得更好呢?最主要的还是改变传统观念,借助现有的理论或工具进行更好地观看。传统的观看观相信"眼见为实",认为只要是亲眼所见那么事情就一定是真实的。在网络时代,对"眼见为实"的观点提出了极大的挑战。为了更好地生存,我们不得不改变传统的观看观念,谨记"看不等于看到,看到不等于看懂,看懂不等于看好",采用"See

Something Behind"的方法进行更有效地观看，也可以借助"意义所指层次图"的方法进行有效地观看。

（一）网络观看之道："See Something Behind"

"See Something Behind"通俗的理解是，看事物不能只看表象，而是要通过表象看到其背后隐藏的内涵。它是网络时代生存的基本前提，即在网络世界中看图片、视频、玩游戏、购物不能只看到表面现象，还要看到其背后隐藏的东西，如各种利益群体的存在。

如何"See Something Behind"呢？当我们看到一个事物时，我们要有一种怀疑精神，一种批判态度，相信"看不是一个简单的问题，看不等于看到，看到不等于看懂，看懂不等于看好"，将"See Something Behind"分为三个阶段，以自我问答的方式展开：看到了什么？看懂了吗？看好了吗？我们才可以通过这种方式去深入思考观看内容。现以解海龙的作品《大眼睛》为例，如图2-2。

图2-2　《大眼睛》

1.我们看到了什么

乍一看，一张黑白的照片上，一个头发蓬乱的小姑娘，右手握着一支铅笔,左手按着本子,正要写字的姿势,眼睛望着前方,眼神中似乎带有一些恐惧……

2.我们看懂了吗

难道这幅照片只是为了拍一个正在学习的小姑娘被突然打断的神情吗? 这个小姑娘是谁(作品主人公)? 这个照片是谁拍的(创作者)? 他为什么要拍这张照片呢(创作目的)?

通过一系列的问答,查阅资料可知,这张照片的主人公是苏明娟,家庭贫困。照片的拍摄者是解海龙,拍摄这张照片时,他的身份是北京一文化馆宣传干部。开始他喜欢拍一些反映市民生活状态的照片,但具体拍什么,却没有明确的方向。直到一次去河北涞源县拍图,看到墙上有一幅标语"再穷不能穷教育,再苦不能苦孩子",他才找到了明确的方向。第二天,他决定拍摄农村孩子的失学问题,拍贫困地区孩子们的生活、学习,让世人了解情况,向他们伸出援手。有了这种想法后,他回到北京立刻向馆长提出了后来希望工程运用的一种帮扶模式:拍摄农村孩子,带着照片回来让城里人帮助他们。1991年,他来到安徽省金寨县桃岭乡张湾村,跟着一群孩子到了学校。解海龙的目光在寻找感人的瞬间,他看见了正在那儿低头写字的苏明娟,正巧苏明娟一抬头,把解海龙的心牢牢地抓住了,他发现,这孩子的眼睛特别大,有一种直抵人心的感染力,解海龙迅速抓拍了女孩抬头的一瞬间。

从这些信息中我们可以看出,它实际上是反映农村失学儿童的摄影作品,它表现的是农村失学儿童那双充满渴求又流露困惑的眼神。画面中女孩微微蓬乱的头发和动作不太规范的握笔的小手深深地打动了观众的心灵,激起观众的共鸣。

3.我们看好了吗

"我们看好了吗",《大眼睛》为何轰动这么多年呢? 是否有着深层的涵义呢? 分析时代背景可知,解海龙是在1987年提出"拍摄农村孩子,带着照片回来让城里人帮助他们"的想法,希望工程于1989年成立,1991年拍了《大眼睛》,因此《大眼睛》作品实际并不是偶然拍摄的,而是一种必然,是一种宣传手段,他的目的在于呼吁社会主动关注失学儿童,促进社会民主进程,使政府反思自己的责任,人民反思公民的权利。同时,希望工程的显著成效，也表现了社会主义国家的优越性。《大眼睛》采用摄影作品的形式，凸显了其真实性和感染力，增强了其宣传力度。

（二）网络观看之道："意义所指层次图"

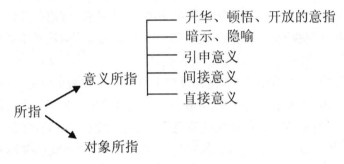

图2-3　意义所指层次图

利用"意义所指层次图"观看的实质是：将观看的内容层层剥离，然后结合相关信息逐步解读。我们以爱德华·蒙克的《呐喊》（如图2-4）绘画代表作品为例，分析如何借助"意义所指层次图"进行观看。

图2-4　《呐喊》

1.创作背景相关信息

创作者信息：童年时代体弱多病、父母双亡，姐姐被肺病夺去生命，妹妹患精神病。可以说童年时代的不幸对其一生的创作有深刻的影响;受到后印象派画风的影响,他在忧郁惊恐的精神控制下,热衷于用扭曲的线条和神秘的色彩来表现他眼中的悲惨人生。

时代背景:19世纪末的知识分子目睹了工业化给社会带来的冲击和对人的异化,他们不满于传统习俗的束缚,渴求社会、道德和艺术的自由却无法找到摆脱困境的出路,不安、孤寂与怨愤成为当时精神生活的时代特色。

创作导火索:爱德华·蒙克在日记中写道:"我和两个朋友还在散步,太阳快下山了,天空间突然变得血一样红,我似乎感受到了一种悲伤忧郁的气息,极度的疲倦已使我快要窒息了,他们继续走着,而我却呆呆地站在那儿,焦虑得不停地发抖。我感到四周似乎被一声巨大而又不断的尖叫声震得摇摇晃晃。"

表现主义绘画精髓:强调表现艺术家的主观感情和自我感受,而导致对客观形态的夸张、变形乃至怪诞处理。

2.使用"意义所指层次图"分析

对象所指:具体的艺术语言要素。动荡、弯曲、倾斜的线条,将桥梁、天空和大地联系在一起,强烈而神秘的色彩给人以深刻的触动,如血一般被染红了的云彩以及人物苍白的双手和面孔。把那个瘦骨嶙峋、圆睁着双眼、凹陷的脸颊、双手捂着耳朵呐喊的人物置于画面的前景,道路直接伸向观众,呐喊直接面向观众,使整个画面产生一种强烈的节律感,从而滋生出一种震撼人心的力量。

直接意义:爱德华·蒙克《呐喊》。

间接意义:画面所宣泄的具有普遍性的情感——19世纪末面对工业化带来的巨大冲击使人产生异化,人们渴望自由却又无法走出困惑的共同心理和知识分子孤独、不安、怨恨的时尚思潮。

引申意义:即使在当今社会,由于人们承受着来自自然、社会和个人的种种压力,在某个时段也会产生难以排解的苦闷和困惑。

暗示隐喻:它揭示了人在社会生存状态中本质的东西,是对人内在心灵的一种写照。

现代人类充满焦虑的现实,而又无法摆脱这一现实的永恒象征。生命与心灵的震撼：生命的呐喊、心灵的倾诉。

升华顿悟开放的意指：艺术作为一种"有意味的形式"，只表现美的外在形式是不够的，丑作为人内心世界的外在载体，通过艺术家对感性形式进行的理性表达，而赋予艺术作品更深刻的内涵，《呐喊》带有一种悲剧美。

(三)网络观看之道：各种影响因素

无论通过哪种方式观看，需要考虑影响观看的四个主要因素：创作者因素、观看者自身因素、社会环境因素、媒介因素。四个因素各具内涵，相辅相成，共同影响观看者的观看。

创作者因素：包含创作者的风格、创作的意图、作品的内容、创作者融入作品的感情，创作者采用的作品表现手法、作品的艺术形式。

观看者自身因素：通常包含观看者的个性特征(如年龄、性别)、自身的喜好、心理状态、文化背景、利益驱动、发展需求、观看次数与频率。

社会环境因素：主要包含社会的引导力量、周围人的价值取向、周围人对事物的看待方式(会影响到观看者的观看情况)。

媒介因素：主要包含媒介的形式、媒介消息的来源渠道及认可度三个方面的因素。

媒介的形式主要包括媒介的呈现形式和媒介呈现要素的表达方式。媒介的呈现形式主要有两种：电子媒介(如计算机、多媒体、电视、电影等)及印刷媒介(如报纸、杂志等)；媒介呈现要素的表达方式主要是指构成媒介信息的基本元素，如印刷媒介对字体大小、字体颜色、文字格式的设定，电子媒介中选择动画还是图像或是文字，以及如何对他们进行排版能够更好的展现主题等。

媒介的来源渠道是指媒介信息获取的途径，如通过实地调查还是道听途说，媒介消息的认可度是指观看者对媒介的信任程度。认清这一点实际是很重要的，如美国遭遇"9·11"恐怖袭击，这一消息是通过报纸、电视还是网络发布，采用不同的媒介渠道，产生的影响面也有所不同，同样，通过新华社还是街头小广告发布，可信度也差距很大，自然观看者的态度也就不同。

媒介的宣传力度包括信息发布的时间段、信息持续的时间、信息播放的次数、信息发布的位置、信息发布的方式等，如"汶川大地震"时，电视、网络等媒介全面的强力度的宣传使得汶川人民得到了及时有效的援助，社会各界纷纷慷慨解囊，为汶川人民雪中送炭，谱写出一曲曲动人的篇章。

小　结

与"网瘾"相比，"被网瘾"对青少年的伤害可能更大。因为这涉及两代人的认知差异，涉及成年人对青少年品性的判断与评价，涉及整个社会的舆论导向，涉及青少年的健康愉快成长。好在随着学界研究与网络意见表达的深入，当前已经认识到这个问题的严重性，并且逐渐形成相对成熟的观点与做法。不同的经历产生不同的大脑认知结构。当今的学生，由于其生活环境（数字化世界）和生活方式的不同，他们的思维模式已经发生根本的改变，他们是"数字土著"的一代，他们的教育者则是"数字移民"。当今教育面临的一个最大的问题是我们的这些作为"数字移民"的教育者，说着过时的语言（前数字化时代语言），正在吃力地教育说着全新语言的人群。为此，应改革教育方法与内容，教师必须学会用学生的语言和方式进行交流，并加强"未来"内容的教学。

思考题

1."代际鸿沟"主要表现在哪些方面？

2."被网瘾"可能会导致哪些不良后果？

3.青少年的网络认知有什么特点？

4.举例说明如何理解观看的背后意义。

第三章　网络工具:给力学习与生活

　　若要在网络世界中游弋自如,而不是"网络成瘾"或者"被成瘾",除了深入理解网络的相关观念外,重要的是合理利用网络工具,给力学习与生活。合理利用网络工具,也有利于促进"代际鸿沟"的缩小。一般来说,青少年对新生事物敏感、学习能力强,能较快地、相对自然地学习新的网络工具,但年纪越长的成年人学习起来越困难。因此,共同的网络工具的使用能够使两代人的应用观念趋向一致。网络工具主要包括时间管理、信息检索、知识管理、思考写作等四个方面。

第一节　时间管理

　　生活中肯定会有一些突发困扰和迫不及待要解决的问题,如果你发现自己每天都在处理这些事情,忙得不可开交,甚至觉得身心疲惫,但却又毫无成就感,那么,也许你的时间管理并不理想。成功者是花最多时间在做最重要的事情,而不是无关紧要的琐事。现代管理之父杜拉克也认为,有效的管理者不是从他们的任务开始,而是从他们的时间开始。可见时间管理的重要性。那么什么是时间管理? 时间管理常用的工具有哪些? 如何有效使用时间管理工具呢?

一、时间管理的含义

　　时间管理(Time Management)就是用技巧、技术和工具帮助人们完成工作,实现目标。时间管理的目的并不是要把所有的事情做完,而是更有效的运用时间。时间管理的关键是除了决定什么时候该做什么事情之外,更要决定在什么时候不该做什么。换句话说,时间管理应该注意做好时间分配、任务取舍,通过事先做好的时间规划,以期对各种任务做好提醒和指引。

关于时间管理理论的发展,大约经历了三个阶段:

第一个阶段:比较强调便条与备忘录的使用。常言道"好记性不如烂笔头",说的就是通过纸和笔的使用,帮助我们有效实现时间的调配。

第二个阶段:比较强调使用行事历和日程表。这种方式能够更系统、更有序地实现时间管理,能够较有效地规划未来。

第三个阶段:比较强调优先顺序的时间管理。即根据事情的轻重缓急设定短、中、长期的目标,然后制定更加具体细化的计划,用有限的时间和精力达到最优效率。

显然,每种理论都有其优势和不足。每个人根据自身情况的不同,选择时间管理的方式也不同。但从90年代开始,随着计算机的普及、信息技术的发展,网络走进千家万户,利用计算机和网络进行管理开始大受欢迎,时间管理工具各式各样,几乎能满足用户的各种不同的需求。

二、常见的时间管理方法

时间管理的方法有很多,这里我们介绍五种。

(一)新时间管理概念GTD

Getting Things Done,简写GTD。这一概念来源于David Allen的一本关于时间管理的畅销书Getting Things Done,中文译名是《尽管去做:无压工作的艺术》。

GTD的具体实施方法主要分为五个步骤:收集、整理、组织、回顾以及行动。

收集:就是将能够想到的所有的未尽事宜或需要做的事情(即Stuff)统统罗列出来,放入收件箱里(即Inbox),这个收件箱可以收集实物文件,也可以是电子文件,同时需要用来记录各种事项的纸张或PDA。收集的目的是记录下所有的需要的工作,让大脑放轻松。

整理:将Stuff放入Inbox之后,就需要按时整理,清空或添加新内容于Inbox。按照能否付诸行动将Stuff进行区分整理,对于能立即付诸于行动的，则立即行动完成；对于需要耗费一些时间的行动，可以再对其进行组织整理；对于不能付诸或者很难付诸行动的，则可以进一步分为待处理文件、参考文件及垃圾文件等几类。

组织：主要包含两个内容，一个组织参考资料，另一个是组织后续行动。组织参考资料主要使用文档管理系统，组织后续行动一般包括三方面内容：后续行动清单，等待清单和未来/某天清单。后续行动清单是后续工作的具体实施安排，如果一个项目是涉及多个步骤的工作，那么需要将该工作进一步细化，使其生成为具体的工作。等待清单主要记录委派或请求他人做的工作，未来/某天清单则是记录那些延迟处理并且没有具体完成日期的事情或者是未来计划。GTD对后续清单的处理特点是，它对各个工作进一步的细化，比如说按照工作地点（家里、办公室、计算机旁、实验室、超市等）分别记录在某些特定场合可以执行的行动，而当你到达这些地点后也就能够一目了然地知道应该做哪些工作。

回顾：回顾是一种自我检查，一般需要定期进行回顾，可以一天一回顾，可以一周一回顾，也可以一月一回顾，总之，根据工作的需要做好回顾工作。通过回顾所有清单，检查以便进行更新，及时删除已完成的任务、列入新的任务、删除垃圾任务，这样可以确保GTD系统的正常运作。

行动：根据清单所列内容，有条不紊地开始工作。但需要注意的是，由于在具体行动中可能环境、时间、精力等各方面因素会影响事情的进度，因此还需要在选择清单以及清单上的事项更加留心。

实现GTD的工具很多，网络搜索可以搜索到各种工具，如RTM（Remember-the-milk）、计算机：Outlook、MLO（Wm版）、Life balance（Palm）、纸+笔：GTD笔记本、计算机+PDA：文夹GTD工具。

（二）6点优先工作制

"6点优先工作制"是由效率大师艾维利提出的，这是美国一家钢铁公司咨询他时他提出的一个时间管理方法。事实证明，他的这个方法是极其有效的，借助这一方法，该公司花费了5年的时间，从一家濒临破产的公司一跃成为当时全美最大的私营钢铁企业。艾维利也因为这个获得了2.5万美元咨询费，故管理界许多人也将该方法称为"价值2.5万美元的时间管理方法"。

"6点优先工作制"具体要求是把每天需要做的事情列出来,然后将事情按照重要性用数字对其进行排序,选出从"1"到"6"6件最重要的事情去做。艾维利认为,一般而言,如果一个人能全力以赴地完成所选择的6件最重要的大事,那么,他会成为一位高效率人士。具体的操作方法是:首先,全力以赴做好标号为"1"的事情,直到完全做好或达到预期效果;接着,再全力以赴地做标号为"2"的事情,直到完全做好或达到预期效果;按照这种方式,依此类推,依序做完后边标号为"3",标号为"4",标号为"5",标号为"6"的事情。

(三)帕累托原则

帕累托原则是19世纪意大利经济学家帕累托提出。帕累托原则答案核心内容是生活中80%的结果几乎都取决于20%的行动。举例来讲,在公司里,20%的客户能够给你带来80%的利润,世界上20%的人掌握着80%的财富,反过来说,世界上80%的人可能正分享着20%的财富。基于此,我们需要把精力和注意力放在那20%的关键事情上。根据帕累托原则,我们应该明确生活中那20%的关键事情,对各种事情进行合理的排序,例如:

A.非常重要而且十分紧急(比如救人),这种事情必须放在第一位去做。

B.很紧急但并不是很重要(比如玩游戏缺一个人而紧急需要你、有人突然打电话约你购物等)——那么,这种事情可以在完成优先考虑的重要事情之后再去考虑做完。一定要注意的是"紧急不一定重要",不能把"紧急"当成优先原则。当然,反过来说,"重要的也不一定紧急"。

C.重要但不紧急(比如学习、工作体会、感情交流等),这种事情,若时间较为充足,它们虽然很重要,但是可以慢慢计划,有条不紊地去实施。前提一定是,没有外在的要求和完成的压力,比如说,在学期初可以认真制订学习计划按部就班地学习,此时,学习可以是一件重要但不紧急的事情。但在面临期末考试时,学习便成了一件重要而紧急的事情了。

D.既不紧急也不重要(比如各种娱乐活动、娱乐购物等),像这类事情,可以根据时间安排,若时间和精力都较为充裕,可以认真去做,若时间和精力不允许,那便可以考虑暂时缓缓,待以后有了时间和精力再去做这件事情。

(四)麦肯锡的30秒电梯理论

"30秒电梯理论"或称"电梯演讲"在商业界极其流行,他是由麦肯锡提出来的。他认为,通常情况下,人们最多能够记得住一二三,一般记不住或者不在意四五六,所以,任何事情尽量要归纳在3条以内。这个理论重点还在于,归纳的3条应该是最切中要害的3个重点,这有利于听者获取重要信息、消化重要信息。当然,"30秒电梯理论"的出现是有一个渊源的,它有一个十分有趣的故事,当然对于麦肯锡公司那是一个沉痛的教训,也正是这个教训给麦肯锡以启迪。故事是这样的:

麦肯锡公司曾经为一家重要的大客户做咨询。在咨询结束的时候,麦肯锡的项目负责人在电梯间里遇见了对方公司的董事长,董事长就突然问麦肯锡的项目负责人:"你能不能说一下现在的结果呢?"由于事发突然,没有很好的心理准备,而且当时时间紧急,电梯从30层到1层只有30秒钟的时间,也就是说项目负责人只有30秒钟的时间把结果说清楚。结果可想而知,麦肯锡最终失去了这一重要客户。这件事情之后,麦肯锡总结经验和教训,要求公司员工凡事都要尽量直奔主题、直奔结果,在最短的时间内把结果表达清楚。

(五)莫法特休息法

《圣经新约》的翻译者詹姆斯·莫法特的书房里摆放了3张书桌:第一张书桌上摆着他正在翻译的《圣经新约》稿件;第二张书桌摆的是他写的一篇论文原稿;第三张书桌摆放的是他正在写的一篇侦探小说。莫法特的休息方法也是很简单,那就是从一张书桌搬到另一张书桌,然后继续开始新的工作。这种工作方法与农业上的"间作套种"相类似,即在长期实践中发现,在同一块土地上,连续几季都种同一种的农作物,土壤的肥力就会下降,地力就会枯竭,农作物也不会高产。同样,人如果长时间只做一件事情,那么其脑力和体力也会不支。但是,如果每隔一段时间就更换一下工作内容,大脑就会产生新的兴奋点,使得疲惫得以缓解,这样人的脑力和体力就可以得到有效的调解和放松。

三、常见的时间管理工具

在信息科技时代,时间管理不能离开各种工具的支持,如电话、手机、E-mail、传真、电脑,尤其是网络的发展,将大大地提升工作和学习效率,以下是一些可用的工具选项。其实各类时间管理工具都有其独特的特点,不能说哪款更好、哪款更劣,"没有最好的,只有最适合你的",并且我认为时间管理工具会随着情境和能力的改变而发生变化。

(一)Time Lock上机时间管理员 V4.5.00

上机时间管理员,能够帮助教师和家长控制孩子玩电脑的时间。也能有效防止别人私自乱动自己的电脑,保护个人隐私。该款软件采用多用户管理方式,能够控制电脑使用时间,限制拨号上网时间,禁止(或允许)打开指定文件、程序、光盘。

(二)"赢时星"时间管理软件 V2.0

"赢时星"时间管理软件是一款专业的时间管理软件。它实际上是在通过一种隐蔽而有效的心理机制促使使用者克服拖延、浪费、忘事、主次不分、顾此失彼等不良习惯,帮助您掌握正确的时间管理方法,使您的工作与学习更有成效,有更多的时间享受闲暇与亲情。"赢时星"有着众多的优势,因其专业备受欢迎,它的显著优势体现在四个方面:

(1)基于时间管理成功理念的软件设计思路,不同于一般的日程表软件;

(2)根据任务的轻重缓急自动安排日程,日程安排精确到每半小时,任何时刻您都不会觉得无事可干;

(3)采用类似QQ的悬浮式日程表,随时了解日程安排,还具有自动闹铃提醒功能;

(4)界面一目了然,尤其是采用独特的"拖动"式任务分配方式,操作简单有趣。

(三)丽芳时间管理V2.1

这是一款简单又实用的时间管理器,功能有:定时关机、注销、重启、提醒、断开网络、计划任务等。可以根据作息习惯及个人时间安排关机时间,也能够及时提醒上机时间,能够根据上机时间随时断开网络,也能够有效帮助教师和家长管理孩子的上机时间。

(四)LTAdmin上机时间管理员4.3.01

用于控制计算机使用者每天的上机时间,纯中文界面,面向国人。实行用户密码登陆管理,程序随系统启动后即封锁系统功能键,非法用户无法进入正常桌面,只好关机。用户进入正常桌面后,程序采用多方控制手法,使用者如果采用通常手法,是难以解除其时间限制的,如修改系统时间等,那是不管用的。常用的场合:在家里,为了不让孩子无节制地迷恋于电脑;在学校实验室,为了不让那些"一旦拥有别想他求"的学生死赖着拖延时间;在网吧,本程序是绝对绿色版,无需任何附加文件进行安装,下载后点击运行即直接进入管理界面,如果是程序的高级版本,运行后程序自动升级,程序拆除后,不在机器上留有任何痕迹,如果想再次使用,可要注意保存当初下载的程序文件。

案例一:

个人时间管理和企业时间管理原则

(一)个人时间管理:四个原则

有人说,"最近这段时间,我越来越感觉到时间管理的重要性。因为在我日常的生活中,由于疏忽对时间的管理利用,让自己做一些事没有头绪,有时在电脑面前一呆就是几个钟头,这对于自己的身体都是极为不利的"。其实,这种状态许多人经历着或者经历过,处于这种状态会感觉到生活没有头绪,极其杂乱、烦躁,生活缺乏一定的秩序和激情,感觉每天都是浑浑噩噩。那么,这种状态是不是就无法克服,是不是就没有很好的解决办法呢。接着看,该同志的处理方法可能会给我们带来一些启示。

针对这种状态,我以后对自己的时间进行管理,约束再约束,具体做法如下:

(1)每天晚上浏览邮件,并对邮件进行适当处理,如重要邮件进行回复,简单浏览阅读国际电子商情及一些商业情报信息等。

(2)每周定时登录博客,并写下工作体会,便于以后学习。

(3)不定期的发邮件或通过QQ与好朋友聊天,保持一定的联系。

(4)在五月份,统一完善网站上的所有商务信息。

(5)每天抽一些时间来关心一下我的女朋友,跟她聊聊天,享受生活乐趣。

(6)每天都做预习工作,这样学习起来就会很轻松。

这只是一个个人时间管理的好方法,但即使这样也可以让生活过得更充实、更有序,主要归结为他对自己的工作和生活做出了简单的计划,对自己的时间做出了相对合理的安排,使得生活不再那么单调和枯燥。

作为初步尝试时间管理的人员,可以从这个例子获取一些经验,初步尝试将自己的生活进行规划,初步管理好个人的时间。但同时可以结合"4D原则",更好地进行时间管理。"4D原则"具体内容包括:

Do it now(立刻做):不能丢掉不管、不能拖一拖再办、不能授权的事,按照优先顺序自己立刻去做完。

Delegate it(授权):学会授权,将能委派的事尽量分给他人干,这样可以节约很多时间做最重要的事情。

Do it later(稍后再做):把一些偏离目标的事情、不是很重要的工作,暂时放在一边,待有空闲时间时再去处理。

Don't do it(弃之不理):把一些与目标无关的事,无效益的事,应差的事丢掉不管。

(二)华为时间管理:"四大法宝"

"成功地界定问题就已经解决了问题的一半",但如果没有切实可行的解决方案，困境还是不会改变。所谓的切实可行的方案，最主要的还是时间管理，即确定好什么事情重要、什么时间该做什么事情。华为对于时间管理有4大法宝。

1.法宝一：以SMART为导向的华为目标原则

目标原则不单单是有目标，而且是要让目标达到SMART标准，即具体性(Specific)、可衡量性(Measurable)、可行性(Attainable)和及时性(Time-based)。

具体性，目标要进行细化，尽可能具体、清晰，能够起到行为导向的作用。比如，目标"我要做一个成功的人"是不是一个具体的目标呢？很显然，目标并不明确，因为，成功的人概念太宽泛、不具体。但目标"我要拿到今年学校的专业一等奖学金"这个就算是具体的目标，因为，这个目标的指代明确，学校专业一等奖学金有其具体的规定，只要朝着这些具体的规定努力，达到这些要求，就可以实现个人目标。

目标需要具有可衡量性，即目标有能否实现的衡量标准。比如"我要拿到今年学校的专业一等奖学金"这一目标，要实现这个目标，它肯定带有很多细化的指标，比如说课堂表现、专业成绩、课堂出勤等。

目标需要具备可行性，可行性主要有两方面含义：一是目标的制定应该在能力范围内，即制定的目标是可以实现的；二是目标应该有一定难度，即目标不能不通过努力就实现了。总之，目标既不能太高，高到无法实现，让人处于受挫的境地；也不能太低，低到没有任何挑战力，让人失去奋斗的激情。

目标具有及时性，及时性指的是目标应该有大体完成的具体时间，通过有效的目标制定，能够确定事情的完成日期。华为在时间管理培训中指出，不但要确定最终目标的完成时间，还要设立多个小时间段上的"时间里程碑"，以便进行工作进度的监控。

2.法宝二：华为时间管理四象限原则

根据重要性和紧迫性，我们可以将所有的事件分成4类，借

助于数学中的象限,建立一个二维四象限的指标体系,如图
3-1。

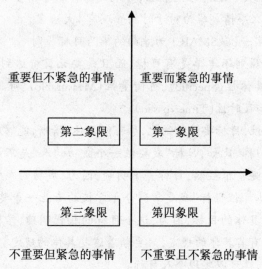

图3-1 时间管理象限图

第一象限:"重要而紧急的事情"。如处理突发事件、完成有
期限压力的工作等。

第二象限:"重要但不紧急的事情"。如人际关系的建立、发
展新机会、长期工作规划。

第三象限:"不重要但紧急的事情"。如突如其来的某些电
话、会议、信件。

第四象限:"不重要且不紧急的事情"或者是"浪费时间的事
情"。如上网玩游戏、无聊购物等。

通常情况下,人们习惯这样的时间管理:将第三象限的时间
进行收缩,将第四象限的时间进行舍弃。但问题就出在对第一
象限和第二象限时间的处理上。很多人,尤其是现代的白领阶
层,他们更关注于第一象限的事件,因此,导致他们长时间处于
工作高压状态,不断奔波在收拾残局和危机处理中,长此以往,
精神压力很大,影响工作和生活。许多新到华为的员工,天天忙
于加班,但工作质量却不是很高。经过培训后,他们发现整个感

觉都改变了。究其原因，主要是因为第一象限与第二象限并没有严格的界限，从某种意义说，它们是可以互通的，扩大第二象限会使第一象限的事件减少。而且处于第二象限的事件处理时间比较充足，这样就自然减少了时间上的压力，因此，处理的效果也会比较好，有利于长期发展。

3.法宝三：华为韵律原则

为了减少工作中因不断被打扰而导致大量时间流失的情况，华为提出了自己的时间管理法则——韵律原则，主要包含两个方面：一是保持自己的韵律，具体的做法：对于没有意义的打扰要学会礼貌的拒绝，多采用干扰性弱些的沟通方式（如：电子邮件）；二是尽量与别人的韵律相协调，具体做法包括：了解对方的工作习惯、尽量按照双方的计划行事、不要随意打断对方的工作等。

4.法宝四：华为精简原则

著名的时间管理理论——崔西定律指出："任何工作的困难度与其执行步骤的数目平方成正比。"例如，完成一件工作有2个执行步骤，那么此工作的困难度是4，若完成一个工作有3个步骤，工作的困难度则是9。由此可知，简化工作流程，可以减少工作困难度，达到事半功倍的效果。华为在培训过程中要求员工们做到"能省就省"，并编制"分析工作流程的网络图"，每一次去掉一个多余的环节，就少了一个工作延误的可能，这意味着大量时间被节省了。

第二节　信息检索

随着社会的不断进步，特别是在互联网迅猛发展的今天，人们在不断地接触形形色色的信息，同时也要对这些信息进行过滤，从而提取出对自己真正有用的内容。为了达到这个目的，人们开发出了众多的搜索引擎，有针对Web进行搜索的Goolge、百度等，也有针对各行业开发的专题检索系统,为方便用户高效获取信息做出了重大的贡献。

一、网络信息检索技术简介

网络信息检索工具是指在互联网上提供信息检索服务的信息检索系统。通俗地讲,用户根据自身的需求,利用网络检索工具获取所需的信息。根据不同的划分标准,网络信息检索工具有不同的类型:按照索引方式划分,可分为目录型检索工具和索引型检索工具;按照检索网络资源的类型划分,可分为Web资源检索工具和非Web资源检索工具;按照检索时所用的工具的数量划分,可分为独立型检索工具和集合性检索工具。一般而言,常见的数字资源检索技术有:布尔逻辑检索技术、截词检索技术、邻近检索技术、字段检索技术。

(一)布尔逻辑检索技术

布尔逻辑检索是指通过标准的布尔逻辑关系算符来表达检索词与检索词间的逻辑关系的检索方法。常见的主要布尔逻辑关系词有:逻辑与(AND),逻辑或(OR),逻辑非(NOT)。

1.逻辑与

表示方法:用"AND"或"*"表示。

组配方式:A*B或者A*B,它表示两个概念的交叉和限定关系。它所表示的含义是只有同时含有这两个概念的记录才算命中信息。如图:浅颜色的小椭圆表示A,深颜色的大椭圆表示B,中间交叉的颜色较深的部分则是A*B。

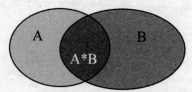

图3-2　A*B示意图

功能:增加一定的限制条件,缩小提问范围,减少文献输出量,提高查准率。

例如:以"网络成瘾"为关键词在百度中搜索,所有含有"网络成瘾"关键词的词条都会出现在搜索结果中,如"网络成瘾? 看央视报道,选择纽特思特!""孩子网络成瘾怎么办? 华飞教育帮助您的孩子健康成长!""网络成瘾春雷有话说!!!"。以"青少年AND网络成瘾"关键词在百度中搜索,所有关于"青少年网络成瘾"的词条会出现在搜索结果中,如"青少年网络成瘾者心理特征研究""青少年网络成瘾的影响因素分析""青少年网络游戏成瘾问题分析""陕西省青少年网络使用和网络成瘾状况调查"。总之,第二条搜索比第一条搜索增加了限定条件"青少年",缩小了查找范围,使得查找范围更加明确。

2.逻辑或

表示方法:用"OR"或者"+"或" "(空格)表示。

组配方式:A OR B或者A+B,它表示检索含有A词,或含有B词,或同时包含A,B两词的内容。如图:浅颜色的小椭圆表示A,深颜色的大椭圆表示B,那么独立存在于浅颜色区域的A及独立存在于较深颜色区域的B以及两者交叉区域A*B,三者共同构成了"A OR B"。

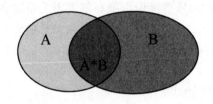

图3-3　A OR B示意图

功能:增加提问范围,获取更多的检索结果,起扩检作用,提高查全率。

例如:以上述所说的青少年网络成瘾为例,输入关键词"青少年OR网络成瘾",则所有关于"青少年""网络成瘾"及"青少年网络成瘾"的词条都会出现在搜索结果中,增加了搜索范围。如"网络成瘾青少年网络行为特点及心理风险因素研究""网络成瘾症——维基百科""辅导国际网络中的青少年"。

3.逻辑非

表示方法:用"NOT"或者"-"表示。

组配方式:A-B,表示检索出含有A词而不含有B词的内容。如图:浅颜色的小椭圆表示A,深颜色的大椭圆表示B,左边浅色区域则表示A-B。

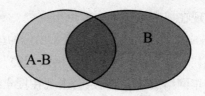

图 3-4 A-B 示意图

功能:逻辑非用于排除不希望出现的检索词,目的在于除去不想要的文献,缩小命中文献范围,增强检索的准确性。

有时候,有的信息查找比较精细,用的布尔运算也较多,此时则需要了解布尔运算符的优先级。布尔运算的优先级如下:

有括号时:先执行括号内的。

无括号时:NOT(非)高于 AND(与)高于 OR(或)

但要注意,不同的搜索引擎所使用的逻辑符号可能不同,有的数据库选用"AND,OR,NOT",有的是用"*,+,-",用户在使用逻辑词的时候应该根据实际情况选择合适的形式。

现在,很多检索工具直接识别把布尔逻辑关系隐含在菜单中的检索,一些网络搜索引擎可以直接用空格、逗号和减号来表示逻辑关系,降低了搜索难度,提高了搜索效率。

(二)截词检索技术

一般截词检索技术根据截词位置可分为四种类型:前截词,后截词,前后截词和中间截词。按截断字符数的不同可分为有限截断和无限截断。一般在截词中使用截词符号,但在不同的数据库中,所使用的截词符号可能不同,常使用的截词符号是" "和"*"。在常用的数据库中,一般用"*"代表一个字符串,用" "代表任意一个字符。在允许截词的检索工具中,默认的是后截词,部分支持中间截词,前截词的较少。

前截词,指的是查询内容截词后方必须一致,但允许检索词截词前方有若干的变化。例如,*is,检索到的是 is,his,this,miss 等结果。

后截词,指的是查询内容截词前方必须一致,但允许检索词截词后方有若干的变化。例如,ab*,检索到的是 abstract,abstorb,absolute,absolution 等结果。

前后截词，搜索词的前后方各有截词符，允许检索词的前端和尾端出现若干变化形态。例如，*is*，检索到的是is,miss,this,island,assisoation等结果。

中间截词，指的是允许检索词中间有若干变化，头部和尾部是固定不变的。例如m*n，检索结果是man,men,moon等结果。

(三)邻近检索技术

邻近检索又称位置检索，主要是通过检索式中的专门符号来规定检索词在结果中的相对位置。常见的符号有：相邻位置算符(W),(nW),(N),(nN),句子位置算符(S),字段算符(F)。

(W)算符是with(word)的缩写，表示此算符两侧的检索词必须按此前后顺序相邻排列，词序是不可以改变的，且两词之间除了允许有一空格或标点符号外，不允许有其他的词或字母。如Doctor(W)Mary相当于检索Doctor Mary。

(nW)算符是nwords的缩写，表示算符两侧的检索词之间允许插入不超过n个词，但词序不可变。如eat(nW)apples相当于检索eat apples,eat red apples,eat lots of apples等。

(N)算符是near的缩写，表示此算符两侧的检索词必须紧密相连，词间不允许插入其他词或字母，但允许有一空格或标点符号，词序可变。如good(N)girl可检索出good girl,girl good等。

(nN)算符表示两词间可插入最多n个词，词序可变。如检索式beatiful(nN)girl就可检索出beatiful girl,beatiful and good girl等。

(S)算符是sentence的缩写，表示两个检索词须同时出现在文献记录的同一子字段中，两词中间插入词的数量不限，两词次序不限。

(F)算符是在联机检索中对同字段进行检索，表示此算符两侧的检索词必须同时出现在信息记录的同一个字段内，两词的词序不限，两词间插入词的数量不限。用此算符时须指定所要查找的字段，如题名字段，文摘字段，叙词字段等。

(四)字段检索技术

字段检索是限定检索词在记录中出现的字段范围,进行检索时,计算机只对限定字段进行查找。不同的数据库其字段代码可能有所不同。这种检索技术常用于图书馆数据库检索,而且用于专业检索。

数据库中常见的字段有:TI(题名),AB(摘要),DE(主题词),ID(标识词),SU(主题词),KW(关键词),AU(著者),BN(国际标准书号),SN(国际标准刊号),CC(分类类目),CS(机构),DT(文献类型)或PT(出版物类型),JN(刊名)或JA(刊号),LA(语种),PY(出版年),SO(来源出版物)。

二、常见的信息检索方法

常见的信息检索方法,一般分为如下七步:信息需求分析、选择信息资源、选定检索词、构造检索表达式、确定检索途径、对检索策略进行调整、实施并输出检索结果。但在实际操作中,有些步骤可能被简化。

(一)信息需求分析

信息需求分析,简单地讲就是用户需要什么信息或者是哪方面的信息,一般涉及以下三个方面的分析:

第一,检索目标的制定:分析信息检索目的,制定检索目标。即要检索什么,最终获得什么信息。

第二,检索范围的确定:确定信息检索涉及的范围,如分析所需信息涉及的学科,确定检索的学科范围。

第三,检索信息类型的分析:分析所需信息的类别、出版年代、作者、出版社等,确定检索的信息类型和年代范围等。

(二)选择信息资源(数据库的选择)

选择信息资源,主要是指对所要选择资源的数据库的选取。通俗地讲,就是选择从哪个数据库里获得资源。比如说搜索"青少年网络成瘾的原因分析"是选择从百度获取还是知网下载还是其他的专题网站下载,这就是一个选择信息资源的过程。选择信息资源一般从以下两个方面

分析:

第一,数据库的类型选择:常见的主流数据库主要包括:IBM的DB2、Oracle、SQL Server、Sybase等,不同的数据库有不同的特点。

第二,学科范围和时间范围等的选择:通过选择学科范围、时间范围等信息资源,获取更明确的搜索范围,以便提高搜索的效率。

(三)选定检索词

选定检索词,指的是检索信息关键词的确立。这一步很重要,决定着搜索信息的准确性,一般包括以下几个步骤:

第一,分析主题,找出课题所包含的显性概念和隐含概念。

第二,找出核心概念,找过各个概念之间的相关性,排除无关概念和重复概念。

第三,选取关键词,从待检数据库和检索工具的词表中选取规范化的词或词组,作为关键词。

第四,选择查找关键词的上位词、近义词作为检索词增大检索范围或选取下位词作为检索词以缩小检索范围。

(四)构造检索表达式

构造检索表达式,通俗地讲就是确立检索关键词之间的关系,确立检索词之间的逻辑表达式。它是数字资源检索中用来表达用户检索提问的逻辑表达式。也就是通过上述所讲的逻辑与、或、非构造检索条件,实现信息高效检索。

一般通过准确、合理地运用位置逻辑算符,截词符,字段符等技术是编制检索表达式的基本要求。

(五)确定检索途径

确立检索途径是对检索路径的选择,即选择使用哪种策略进行检索,如常用于图书馆信息检索的检索途径,主要包含以下四种情况:

第一,主题词检索:表示主题概念的检索词——主题词,包括标题词,单元词,叙词,关键词。

第二,学科分类检索:表示学科分类的检索词,如分类号。

第三,作者信息检索:表示作者的检索词,如作者姓名,机构名称等。

第四,特殊意义检索:表示特殊意义的检索词,如专利号,国际标准书号,分子式等。

三、常见的网络信息检索工具——搜索引擎

据国外相关调查显示,国外那些每周平均花5个小时以上时间上网的人,将其上网时间的71%都花在了搜索引擎上。而人机界面高手尼尔森(Google 的设计者)研究表明:略超过一半的互联网用户属于Search-dominant。Search-dominant 在到达一个网站后直接就奔向搜索按钮,他们对浏览网站不感兴趣,他们有明确的目的,倾向于以最快速度找到信息。

在国内,根据CNNIC2004 年1 月的调查报告显示:61.6%的中国互联网用户经常使用搜索引擎(仅次于E-mail);83.4%的中国互联网用户得知新网站的主要途径是搜索引擎。赛迪咨询的搜索引擎调查:截止2000年8月,92.9%的网民使用过搜索引擎,同时有六成左右的网民将搜索引擎列为经常使用的网络服务。

可见搜索引擎已经成为国内外最流行的网络信息检索工具之一,它来源于英文"Search Engine",原意为搜索发动机。虽然,搜索引擎的产生和发展的历史并不悠久,但它却拥有非常强大的功能。搜索引擎是一个用来搜索世界各地Internet 网络资源的WEB 服务器。搜索引擎就像是一本书的目录,可以通过关键词或主题分类的方式来查找各种感兴趣的信息,并通过点击"目录"直奔主题。

(一)搜索引擎分类

搜索引擎检索的实质是数据库检索,它能提供一般数据库的全部检索功能。目前,较流行的搜索引擎有谷歌(http://www.google.com.hk/)、百度(http://www.baidu.com/)、搜狗(http://www.sogou.com/)等。常见的搜索引擎主要有以下三种:关键词搜索引擎、主题分类搜索引擎、综合搜索引擎。

1.关键词搜索引擎

关键词搜索引擎一般在界面提供输入框，用于用户输入关键词。具体的操作：用户通过输入框输入所要查找的关键词，点击搜索提交查询请求（关键词），搜索引擎根据关键词将检索结果反馈给用户。这种搜索一般适用于查找目的明确，并具备一定检索知识和检索经验的用户。

2.主题分类搜索引擎

主题分类搜索引擎是依据某种分类方式（如学科分类、时间分类、作者分类），建立主题树状层浏览体系；搜索程序搜索来的信息被标引后放入浏览体系的大类或子类下面，呈现错落有致的上下位关系，供用户选择浏览查看。比如新浪、网易、淘宝等都提供了分类搜索引擎。这种搜索引擎一般查准率高，但查全率却低。

3.综合搜索引擎

综合搜索引擎既可以按照关键词搜索，也可按主题分类搜索。通过其提供的关键词搜索功能，用户输入关键词后，实现关键词搜索功能。用户也可以直接按照网站中的主题分类，选择查找信息，点击查看相关内容，当然，不同的选择返回的结果页不同，国内的搜狐(Sohu)、新浪、网易都是此类搜索引擎，这类搜索引擎查全率高，但查准率低。

（二）常用搜索引擎功能简介

百度，2000年1月创立于北京中关村，是全球最大的中文搜索引擎。百度提供了较多的搜索功能，主要包括：网页搜索功能、百度快照、相关搜索、拼音提示、错别字提示、英汉互译词典、计算器和度量衡转换、专业文档搜索、股票、列车时刻表和飞机航班查询、高级搜索语法、地区搜索和个性设置、天气查询。

Google目前被公认为万维网上最大的搜索引擎，它提供了简单易用的免费服务，使用户能够访问一个包含超过80亿个网址的索引。Google评价网页的标准是根据网页的得票数。除了考虑网页链接的纯数量外，Google还分析投票的网页，按照权重输出网页，"重要"的网页所投出的票就会有更高的权重。Google的优势是，Google只显示相关的网页，其正文或指向它的链接包含您所输入的所有关键词，无须再受其他无关结果的烦扰。Google 提供了很多特殊功能,如查找 Flash 文件,搜索关键词是"File-type:swf"。它支持 13 种非 HTML 文件的搜索,如 PDF,Microsoft Office,Shockwave Flash,Post Script 以及其他的文档。

Yahoo 是在网上最早出现的检索工具,一直是一种功能较强的搜索引擎。它属于目录索引类搜索引擎,可以通过两种方式在上面查找信息,一是关键词搜索,二是按分类目录查找。按照关键词搜索,网站排列基于分类目录及网站信息与关键字串的相关程度。包含关键词的目录及该目录下的匹配网站排在最前面。按照目录检索时,网站排列则按字母顺序。Yahoo 于 2004 年 2 月推出了自己的全文搜索引擎,并将默认搜索设置为网页搜索。

元搜索引擎,英文表述为 Metasearch Engine,又名多元搜索引擎或集合式搜索引擎。它将多个独立的搜索引擎集成在一起,提供统一的检索界面,将用户的检索提问同时提交给多个独立的搜索引擎,并将检索结果一并返回给用户的网络检索工具。如 Ixquick(http://www.ixquick.com),Ixquick 创建于 1998 年,现属于 Surfboard Holding BV 公司(荷兰的一家公司),整个公司由 3 个具有献身精神和雄心壮志的年轻人组成。ProFu-sion(http://www.profusion.com/)意为信息的熔炉(Information Fusion),是 1997 年 Intelliseek 公司创建的一个优秀的元搜索引擎,提供个性化的检索结果。

第三节　知识管理

知识管理(Knowledge Management),是指在组织中建构一个量化与质化的知识系统,让组织中的资讯与知识,通过获得、创造、分享、整合、记录、存取、更新、创新等过程,不断地回馈到知识系统内。简言之,知识管理是对知识、知识创造过程和知识的应用进行规划和管理的活动。知识管理分为两类,一类是个人知识管理,另一类是企业知识管理。在此,我们所讲的知识管理主要是探讨个人的知识管理。那么,什么是个人知识管理?个人知识管理的途径和方法有哪些?个人知识管理工具软件有哪些?

一、个人知识管理的含义

个人知识管理（Personal Knowledge Management）是一种新的知识管理理念和方法，它能够将个人拥有的资料、信息转变成有价值的知识，这有利于良好学习习惯的养成，个人专业知识体系的完善，因而，能够提高个人竞争力，更好地实现个人价值和可持续发展。从实践角度来讲，个人知识管理一般指个人通过工具建立知识体系并不断完善，进行知识的收集、消化吸收和创新的过程。个人知识的管理需要根据个人的知识特征及管理习惯，选择一定的管理工具以协助管理各种文件和信息。良好的个人知识管理有很多优势，主要体现在以下两个方面：

第一，方便文件查询。良好的知识管理能帮助我们快速找到自己收藏的各种文件，在极短的时间内解决各种问题，而这就避免了因到处找文件而出现"思路被打断而影响工作"的情景。这种系统化的管理，提高了工作效率。

第二，优化知识结构。良好的知识管理都有一定的逻辑结构和组织方法，它能够清晰地反映个人的知识结构，因此，个人可以根据实际情况调整个人知识结构，对其进行优化，从而提高个人竞争力。

二、个人知识管理的架构

个人知识管理工具分为网络版和单机版。通常在信息技术时代，个人知识管理的实现是多种途径的，它可以借助各种软硬件工具及各种辅助小工具实现对知识的管理功能。例如Microsoft Office、MS Outlook、记事本、WPS与E-mail、MSN等常用软件，以及Mind Map、博客及Wiki等各种辅助小工具，还有手机、笔记本电脑、PDA等个人数字工具。个人知识管理工具的选择一般需要注意以下几个事项：

第一，数据能够导出，也就是说，无论采用哪种知识管理工具，最终能够保证数据可以输出，保证数据可以以个人方便的形式存在。比如说，能够支持备份、能够打印成纸质资料，能够转载等，这样做的主要目的是保证用户知识的完整性，不至于出现服务关闭时，用户信息丧失的情况。

第二,管理工具的专业化,尽量选择较为专业的公司的服务商,这有利于保证服务稳定性以及数据的安全性,不至于因系统不稳或者是系统漏洞造成信息的丧失。因此,管理工具应尽可能选择专业化程度较高的。

第三,管理工具的选择根据知识特点和个人习惯。如Word适合管理文字资料,PPT适合演示型资料,E-mail适合网络环境下资料的存储,包括图片、文本等,博客适合共享型知识的存储等。

第四,服务商的职业操守,网络中的服务最主要、最受用户关心的往往是用户的隐私问题和诚信问题。例如,即时通讯、邮件、在线存储、网络硬盘等都需要服务商有较好的职业操守,才能避免重要信息泄露,保护知识产权。因此,需要选择信誉度和关注度较高的服务商。

(一)个人信息网络的架构

通常讲,个人知识管理系统的构架,包括信息网络的架构和知识系统的架构。显然,知识管理的主体是"知识",因此信息很重要。知识管理是否有效,很大程度取决于信息的收集能力以及信息的品质好坏,这也充分说明了信息网络架构的重要性。信息网络的架构一般包括人际网络、媒体网络和资源网络三方面因素。

人际网络是个人知识管理中一个很重要的组成部分,它是一个无形的网络。在人际网络中,用户可以获得很多直接、深入问题的信息。人际交往中,信息量大而杂,可以学到很多书本上学不到的知识,也就是我们通常所说的隐性知识。用户可以使用各种工具,扩大个人交友圈子,获取更多的知识,如可以采用即时聊天工具QQ、电子邮件E-mail、社交网络人人网等各种渠道,加强与朋友的交流,在沟通和交流中完善个人知识体系。

在网络时代,媒体网络显得尤其重要,麦克卢汉说"媒介就是信息",可见,媒体在知识建构中的重要地位。它是一种实时与广度的信息来源,通过电子媒体(如电视、广播、电脑)和非电子媒体(如书刊、报纸),可以获得各种各样的信息,包括最新信息和陈年旧事。通过关注媒体信息,选择适合个人知识发展的媒体形式,经常关注其信息动态,是完善个人知识体系的又一重要途径,同时也可以保持思想的先进性,不至于在日益更新的知识信息时代被淘汰。

互联网络是人们进行学习的重要工具,尤其90年代后"信息高速公路"的出现,互联网在人们的生活中起着越来越重要的作用。信息素养更是互联网时代特有的生存素养。一个人能充分利用互联网的强大功能进行学习成为现代人的一个重要标志。网络资源极其丰富,但也鱼龙混杂,不过谁都不能否认,它确实比以往的任何工具都能更有效的提供给用户想要的信息。因此,利用互联网进行学习,学会使用各种搜索引擎获取信息,利用浏览器的收藏夹收藏功能,借助于 Microsoft Office、E-mail、博客等进行信息的架构是极其便捷和有效的,并记住定期备份,以便不时之需。

(二)个人知识系统的架构

个人知识系统的架构,通俗地讲就是对已有的信息进行组织、实现有效存储,即知识储藏架构。这就如同图书馆新选取了很多书,那么选取书的过程就是信息网络的架构,而存储书的方式则是知识系统的架构。知识系统的架构,有助于数据的有效存储和快速选取。个人知识的架构主要包含以下几步:

第一,分类知识。即对需要管理的个人知识进行分类,如学习知识、保存知识、使用知识、共享知识、娱乐知识、社交知识。总之,知识的分类可以有很多种分法,个人知识不同,分类也不尽相同,个人可以根据自己的需求,将要管理的知识进行分类。常见的知识专业分类可以根据学习的科目划分,也可参照图书馆文献的分类方法。

第二,选择合适的知识管理工具。知识管理工具很多,不同的知识适用于不同的工具,因此,用户可以根据个人需求,本着简单易用的原则,而不需要采用统一的入口。比如,通讯录管理往往在电子邮件中出现,这是最常见的个人知识管理方式之一。知识内容的管理,可以采用 Word、博客和邮件等,结构化的知识管理可以借用 Mind Map 等。

第三,个人知识库的建立。个人知识库的建立原则是各种知识都以目录结构分类存放,就如同一本书的目录一样,这样可以根据目录随时找到想要的知识。同时,有些无法处理、暂时又不好分类的知识可以设置一个临时目录来存储,等待以后清楚分类后再对其分类,从而保持个人知识库的整洁有序。当然,个人知识库建立的主要目的就是,实现知识快速而方便的访问。通常,个人知识库的管理需要有以下的功能:能够增添新的学习资源和知识类别;能够删除、修改和更新资源;进一步完善个人知识管理准则;协作学习以交流和共享知识。

第四,应用知识。知识管理的主要目标是应用知识。知识管理的误区就在于为了管理而管理,忽略了应用。就如同图书馆里的书内容再好、再丰富,你若不去查看,这些知识便失去了存在的价值。因此,我们不能只把心思和精力关注在知识的积累上,而应该考虑到知识的应用。一般遵循以下几个原则:首先,收集知识,找到与问题相关的知识;然后,消化吸收,通过阅读有关资料,消化知识;接着,建立可比较的模型,以专业知识为基础,设计出比较及评价方案。教学中常用的头脑风暴、专业论坛等,都是知识应用的准备阶段,有利于个人知识加工,进而形成知识应用的规则意识。

三、常用的个人知识管理工具软件

个人知识管理工具在知识管理过程中起着举足轻重的作用,尤其是在网络时代,利用网络工具管理知识是一个好的知识管理者必备的素质,本节主要介绍几款简单的知识管理工具的功能。

(一)针式个人知识管理软件

针式个人知识管理软件,它具备的一个典型优势是它突破了以往各种管理工具只支持单一格式或几种限制格式的弊端,能够支持管理各种文件类型,如文本、图片、音频、视频等。它的功能较多,支持树状列表,支持标签管理、快速搜索、颜色分类等。它的主要特点有以下三个方面:

(1)更容易将文档及时归类,提供文件新增监控提示归类功能;

(2)容易管理阅读进度、重点摘要,更容易创建问答的记忆内容;

(3)更方便对知识进行深入搜索研究,知识点画面集成搜索。

(二)思维导图——Mind Map

思维导图,是很好的笔记工具、思考工具。思维导图适合横向思维的发散。Mind Map 是一款自动布局的思维导图创作软件。利用它可以很方便地创作灵感设计图,大脑风暴,捕捉、整理构思,并以图表的形式表现出来。

Mind Map 集合了概念图、流程图、组织结构图、SWOT 等功能,与微软 Office 软件和 PDF,SVG 相互支持。最新版本用户界面与微软 Office2010 相仿,使用起来也更加方便。

(三)笔记软件——Microsoft Office

Microsoft Office 软件一般包含 Word、Excel、Power Point 三个主要功能。一般而言,Word 主要适用于各种文本、图片的记录,同时也适合各种文档的保存和修改。如 Word 提供的几种视图模式,方便用户根据不同的编辑需求采用适合的编辑页面;Word 提供的修订模式,可以提供用户修订轨迹等。因此,Word 极其适合处理各类文字型的资料,如学习心得、读书笔记等。Excel 适合各种数字资料的处理,如各种简单的报表、通讯录等。Power Point 比较适合简单明了的资料的整理,适合有逻辑性的资料的存储,一般用于各种场合的演示软件。

(四)Wiki——Vim,Vimwiki

Wiki 是最重要的地方,是知识管理的终点,它代表着一种结构化的思维方式。通过关键字,可纵向或横向的管理知识节点,比较方便快捷。

Vim 是最方便的文本编辑工具,可以使用它的内建命令,以简单的步骤实现复杂的要求。另外,Vim 里面内建了表达式工具,可以用一个命令取代重复的工作。

Vimwiki,它与功能强大的 Vim 结合紧密,使其更加强大和完善。另外,Vimwiki 在使用上十分方便,是一种面向对象的操作方式,即所见即所得,极其适合个人使用,它是一种专属于个人的 Wiki 工具。

案例二：

个人知识管理案例

下面是一位网友分享的个人知识管理的方法，他将自己的知识进行了分类，主要分为学习知识、保存知识、共享知识和使用知识四类。其中各类知识所选择的管理工具又各不相同，如学习知识使用的是 Google Reader、豆瓣读书、搜索引擎；保存知识有博客、OneNote、Gmail 等；使用知识有搜索引擎、Mind Map；共享知识有博客、SNS 等。该网友使用 Mind Map 绘制了其对知识的分类及各类所使用的管理工具，具体如图 3-5：

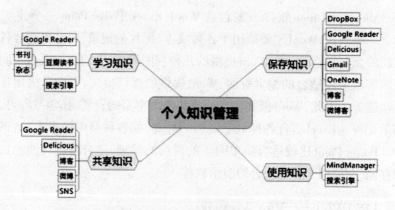

图3-5 个人知识管理工具

(一)学习知识工具：Google Reader

Google Reader 是一块很实用的学习知识管理软件，它不仅仅具备学习功能，还能实现知识的存储和共享功能，是个人知识管理的有力工具。该网友使用 Mind Map 绘制了其主要功能。如管理学习知识，它提供了好友共享项目、搜索热门条目等功能；保存知识中，它提供加注星号和添加标签等功能；共享知识中，它提供了发送到微博等功能；使用知识中，它提供了关键字搜索等功能。具体如图 3-6。

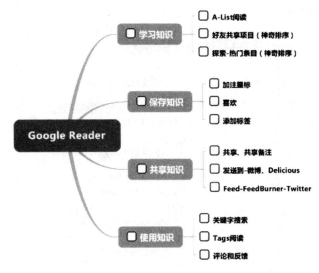

图3-6　Google Reader的基本功能

(二)常见的保存知识工具:博客、Dropbox、通讯录

博客(Blog),是我们较为熟悉的工具,无论是新浪、网易还是雅虎或是腾讯等都会提供博客空间,我们只需要进入其门户网站注册用户名和密码,然后再用此用户名和密码登陆就可以获得个人主页。使用博客保存知识的方法很灵活,它不需要额外的硬件,如移动硬盘,只需利用网络来保存信息。这些信息既可以是网页摘录,可以记录个人成长,可以分享读书心得,还可以以导航的形式对各类知识加以分类,然后进行资料搜集和整理,进行知识记录。这种方式,可以通过网络保存数据,同时还能得到他人的反馈,使得知识在互动交流中不断增多。博客内容的丰富,使得信息量增大,查找信息也简单了很多。同时,结合博客自带的查找功能及外部的搜索引擎,可以及时获得所需的信息,可谓一举多得。

Dropbox能够平衡本地和网络的同步存储工具,可以将保存在本地电脑的文件自动上传到网络空间里,并同步更新到其他电脑,对于多台电脑的管理非常方便。其具体的分类较为详细,如日常工作、我的文档、存档文档、代码、参考资料等,非常便于知识的保存与更新，详细见图3-7。

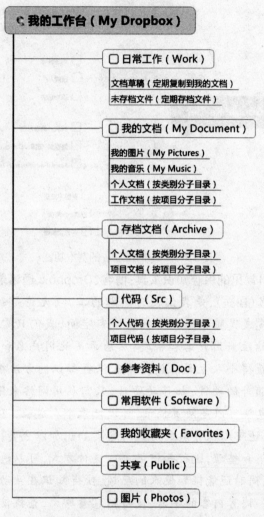

图3-7　Dropbox分类图

通讯录，在生活中尤为重要，它是建立人与人之间联系的一种有效途径。通讯录的建立有很多方式，如可以采用Word、Excel等简单的小软件进行记录。其实很多电子邮件系统通常都自带通讯录功能，如网易163邮箱自带的通讯录，可以通过其自带的分类亲人、朋友等很方便地输入各个联系人的通讯方式。另外，Gmail自带的通讯录，有一个极为突出的优势——同步手机。除此之外，Linkedin和Facebook也是很好的通讯录工具，其优势是所有的通讯信息修改都由好友提供，能及时更新。

(三)共享知识：微博

微博与博客有很多相似点，都是良好的信息反馈平台，但微博的优势主要体现在由于其内容短小精悍，故其含义基本是言简意赅，因此能够得到及时反馈，更有利于知识的互动，实现知识共享。目前，腾讯微博、网易微博、新浪微博都是较好的微博平台。

微博的首选平台是Twitter，它可以帮助我们把平时一些想到的信息随时随地记录在上面，随手写"碎碎念"，Twitter还具有完美的数据导出备份工具，不必担心数据丢失，使用Twitter同步工具还可以将Twitter的信息实时分享到国内外其他微博或SNS网站，很方便、实用(如图3-8)。

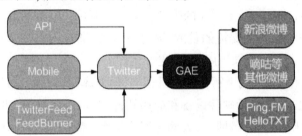

图3-8　Twitter平台示意图

(四)使用知识工具：Mind Map

知识的收集和积累之后，最重要的是如何使用知识。Mind Map的主要功能是绘制思维导图，利用这款软件可以轻松地绘制思考思路，有利于理清知识脉络。Mind Map使用起来还是比较简单方便的，只需要选择相应的逻辑结构图，然后对知识进行分层分类绘制就可以了。

第四节　网上写作

网上写作是伴随着互联网的发展而兴起的，最初的中文网络写作不是从中国发展起来的,而是起源于美国的留学生。许多留学生身处异国他乡,较为孤单、落寞,常被边缘化。于是,他们需要一种途径发泄内心的情绪。计算机和网络的出现,使得他们有了一个工具、一种方式,他们可以用自己的母语自由地抒发内心的情感。同时,网友间的互动也能让他们消除孤独感,获得归属感和成就感。因此,在这种背景下,出现了许多为网民所熟悉的网络作家,比如图雅、安妮宝贝、慕容雪村等。那么什么是网上写作呢?

一、网上写作的含义

网上写作是以多媒体作为写作工具,以网络为写作资源和交流平台的电子化、数字化的新型写作方式。网上写作是建立在数字化基础上的现代化的写作行为方式,它存在的前提是以网络为生存空间。网络的普及,给网上写作提供了极其广阔和自由的空间。一般而言,网上写作具有三个特点,主要体现在写作环境、写作工具以及写作文本。

(1)写作环境:网上写作的生存环境是互联网。它通过互联网与读者进行情感互动,达到交流的目的,同时,也可以通过网络分享和获取各种网上资源,丰富网上知识库,写出更好的作品。

(2)写作工具:网上写作的工具很多,但总体而言,网上写作都是电子化、数字化工具,包括硬件设备和应用软件。例如,电脑、手机、PAD等硬件设备。比如博客、微博、人人网等网络平台,都为网络写作提供了重要的物质保障。

(3)写作文本:网上写作的文本也是多种多样的,简单而言,网上写作文本,即网上写作的存在形式——电子文本,主要包括文字、图像、声音、动画等。

网上写作也存在着一定的缺点,如写作过程断断续续,错误相对也比较多,如错别字和语法规范等。但无论如何,网络写作还是凭借其交流互动优势占据了独特的天地,发挥着其独特的功能。

例如,批评家吴亮,开始主要是在杂志上写批判文章,后来接触网上写作后,觉得网上写作及时发文这种方式很吸引他,要比他给杂志写文章等几个月才有回信好得多。作家李锐对网上写作也有自己的看法,他认为网上写作是一种很好的倾诉形式,通过网络,他能够把自己内心想说的话及想表达的情感及时地表达给他的观众,这点真的让他感觉到网络的魅力,甚至有时候觉得稿费也是无所谓的。

这只是两个简单的小例子,却揭示了网上写作正在改变日常人际关系,当然,主要体现在交友方式上。在网络出现前,人类的交友方式多数是通过见面,有的是通过信件。但是网络出现后,交友方式发生了极大的改变。通过网上写作,可以招来很多粉丝,分享作者的心情,彼此交流情感,成为心灵沟通的挚友。

二、网上写作的新技术和新工具

(一)超文本链接

网上写作具有新的文学表现形式和样式,其中最显著的应用就是超文本链接,可以说,相比印刷文本封闭的平面展示,超文本链接是网上写作的灵魂技术。利用超链接,文学作品呈现出立体化、开放性的树状结构。超文本链接有其独特的魅力,它能够超越时空障碍,随时游荡在想要的页面。因此,它给网上创作者和网上浏览者提供了很大的便捷,可以随意选择阅读路径,这主要得益于超链接的特性——没有单一明确的中心主旨,其内在意义取向是无限的。这导致了许多新的文学样式的出现,如超文本诗歌、网络散文、超文本小说、超文本戏剧等。它们与传统的印刷文本或者是平面文本不同,具有超级链接、立体结构、多媒体展示、互动对话的艺术特征。例如,台湾诗人所创作的《危险》一诗,主要采取回环式超文本链接和用动画安排了文字意识流过程。又如,吉姆·安楚斯的网络散文《文字温泉》,它由五篇短文组合而成,属于动态贴图作品,随着鼠标的移动,文字组合不断变幻或起伏,让人享受各种变幻莫测的视觉冲击。

(二)网上自动创作软件

网上写作随着计算机网络的高速发展也在不断地发展。目前,运用计算机软件自动创作文学作品,成为网上写作的又一大热点,更是对传统文学创作提出了挑战。常见的网上创作软件有HT计算机写作小说软件、英文文学创作实践软件、梦幻诗星：GSV7.50系列、计算机作家GS短信自动写手、GS综合版、英文文学创作构思软件包、GsSoftSA。这些软件可以从网上下载或者购买获得。

近期，美国开发出一种新型写作软件，其功能是把作家想象的情节概要及写作要求输入到计算机中，计算机就会给出各种各样的开场白。开头所用句子、描述文字等都是早已存储在计算机中的各种数据。同时，故事情节的发展、高潮和结局均可以用计算机创作。软件的使用要求是能够掌握名词、主语和动词之类的简单问题，能够处理身份、性格、场景、情绪等较为复杂的问题。

例如，2008年，世界上第一部由电脑创作的小说《真正的爱情》在俄罗斯的各大书店上架。该部完全由电脑创作的小说，以文豪列夫·托尔斯泰的经典作品《安娜·卡列尼娜》中主人公的经历为情节主线，故事发生的背景转换为21世纪，地点转换成为繁华的圣彼得堡，语言风格颇似日本当代著名作家村上春树。据介绍，该书是由"电脑作家2008"的写作程序创作的。该程序是由圣彼得堡的程序专家在语言学家的配合下完成的，收录了包括《安娜·卡列尼娜》在内的18部著名文学作品，集合了19至21世纪13位俄罗斯乃至世界文坛知名作家的词汇和表达手法，目的是能够为各种小说提供优美的语言支撑，并且能够根据电脑专家为小说主人公设计的人物性格创作出各个人物对外界世界的各种反应，根据事先设定好的修辞再将其各种反应作出准确生动的表达。在电脑专家和语言学家的帮助下，程序借助相关语言资料进行文学创作。历时8个月的"创作"之后，小说初稿完成，经过编辑进行常规的润色后出版发行。

2009年6月，中国作家老酷开发出一款写作软件"大作家超级写作软件""大作家"的理论依据来源于多个学科，包括文艺学、心理学、美学、经济学、军事学、信息学、脑科学等。"大作家"主要包含"人物设计"和"故事推导"两个模块，采用智能联想技术，用于帮助作者梳理思路。"大作家"还有很多个分类，主要以自动按钮的形式存在，方便用户操作，轻轻一点就可以自动生成用户所需类别的多段文字描述，帮助作者汲取写作的灵感，分类包含梗概、人名、地名、美女、帅哥、职业、语言、服装、爱好、特长、道具、兵器、经历、秘密、个性、恋爱、伤病、情感、愿望、误会、配角、场景、巧合、习惯、打斗、死亡、景观等。"大作家"写作效率极高，在半自动模式下写作故事大纲可达每分钟50~100字；全自动模式下，可在一秒钟内写出两千字左右的故事。如果能够熟练应用，可以写出大量不同风格的剧本和小说等，尤其是言情、武打、悬疑、喜剧、战争、历史等题材的作品。

三、网上写作的意义

网络媒体的兴起对文学的影响，比起文学在任何一个时代的影响都要巨大和持久。文学的发展前景虽然很难预测，但在网络的催生下，其发展速度是谁也无法改变的。网上写作带来的是社会的进步、文明的兴盛，这是一件令人欢欣鼓舞的好事。网上写作的意义主要表现在两个方面：一个是网上写作催生了新的审美趣味；另一个则是网上写作拓展了新的文学探索空间。

（一）网上写作催生了新的审美趣味

借助网络，文学文本已经不再是单一的文字和图片了，而是已经介入了多种展现元素，比如图片、声音、动画、视频等，这些元素的介入使得文学创作已经走出了印刷时代的各种桎梏，正在走向电子时代。而网络的出现，也打破了学科之间曾经不可逾越的鸿沟，实现了文学与其他学科相互渗透、相互融合、共同繁荣的新局面。由此引发的对于文学的欣赏也不再局限于作者提供的单一的视角和路径，读者有了更大的自主权去选择欣赏角度和欣赏方法，这也打开了作品赏析与创作的另一重要渠道。

网络时代，文学文本正在发生着质的改变，它逐渐发展成多种媒体混合的多种形态。希利斯·米勒就说过："文学系的课程应该成为主要是对阅读和写作的训练，当然是阅读伟大的文学作品，但经典的概念需要大大拓宽，而且还应该训练阅读所有的符号：绘画、电影、电视、报纸、历史数据、物质文化数据。"因此，网上写作的出现，有利于经典概念的拓展，更有利于网民文学素养的产生。它直接的结果就是催生了新的审美趣味，引导读者和作者从多个视角去审视各种文学美,从而创作出具有时代特征的作品。例如,美国摩斯洛坡的《里根图书馆》,其后现代叙述不易消化,但超现实360度环视的3D景观却值得驻足品味,改变了传统的审美观念,为现代人所接受。

(二)网上写作拓展了新的文学探索空间

网络技术中的信息检索和统计功能,有助于文学作品的获取和鉴定。运用各种相关的计算机程序,通过对文章句式、词类、词汇、标点等的分析,然后确定文章的题材及风格。通过分析用字频率及其分布特点,能够分析出同一时期的文化特点、作者的文学素养等信息。这也有利于作品风格、版本真伪的鉴定,有利于拓展文学空间。

例如,深圳大学学者运用计算机系统,对《红楼梦》前八十回和后四十回中的用字特点进行了比较研究,取得了很大的成果;武汉大学语言自动处理研究组,曾对《倪焕之》的标点符号进行频率统计,统计结果能够很好地辅助分析文体风格。

又如,《托马斯·摩尔之书》作者究竟是谁,一直是英国戏剧界的一大悬案。汤·梅里安用计算机分析剧本后,得出的结论是其作者是莎士比亚。具体的操作方法是:把作品中的冠词、代词、连接词等输入到计算机中,计算其使用频率。

"80后"的朽木可雕是国内著名文学网站红袖添香旗下,幻侠小说网的著名作家。在首届华语幻想小说大赛上,他凭借玄幻小说《狂徒》获取大赛的总冠军。《狂徒》以极富创意的特色,从连载开始,点击量迅速超过1600万,创下原创文学业界同期纪录。那么,朽木可雕的成名历程是怎样的?他是如何从一名普通的网络游客发展成为一代大师级网络写手的呢?下边这个案例,展示了其写作成名前后的发展历程。从案例中可以看出,网上写作不仅仅是一种时尚,更能成为一种谋生的手段,它在经济社会中的地位越来越突出。案例来源于《中国日报》,内容如下:

案例三：

网上写作：幻侠小说网之朽木可雕

(一)从网络读者到网络写手

朽木可雕，"80后"，上海某公司采购人员。在中国网络文学兴起的时候，他就开始关注网络文学，但那时仅仅是一个网络读者。成为网络写手，却跟大多数网络作家相似，主要是想表达自己内心的想法，一吐为快。正如他自己说的，"随着阅读量日益增加，脑子里的想法越积越多，也越来越不吐不快，于是干脆开始自己写"。目前，他在幻侠小说网上发表了两部网络小说——《狂徒》和《不良雇佣兵》，总字数超过350万字。其中《狂徒》这部小说因其独特的创意和文笔，荣获首届华语幻想小说大赛总冠军。

(二)8年坚持亲历网络文学行业发展

与绝大部分从读到写的人不同的是，从朽木可雕在电脑上敲下第一个字开始至今，时间已经过去8年。8年来，许多当年一起写作的朋友退出了，许多更年轻的朋友新加入进来后也退出了，但朽木可雕始终如一，未曾放弃。正是这种坚持，让朽木可雕见证了一个新兴领域的发展壮大，也让他的家人从反对到宽容，再到支持他进行网络小说创作。

据统计，2006年我国数字出版产值只有213亿元，2010年则已突破千亿，之后2011年又有大幅增长，达到1 377亿元。根据"第九次全国国民阅读调查"数据显示，我国18~70周岁国民数字阅读方式的接触率已经达到38.6%。网络文学行业自2008年以后获得了高速的发展。

"2006年之前从未想过可以赚钱，只要看到书的点击量涨上三五个就很高兴了，如此坚持两年才有了第一笔收入。"朽木可雕表示，随着数字出版越来越成熟，目前他仅靠网络写作也可以养活自己。

(三)作品受欢迎，读者"打赏"出手大方

"有钱的捧个钱场，没钱的捧个人场！"旧时艺人卖艺，看客

叫好声四起,赏钱自然少不了。作为旧时盛行的风俗,"打赏",如今在网上再度走红,不少读者出手大方,网络小说作者开始频频接赏。"这也是数字出版比传统出版好玩的地方。"

目前,朽木可雕新创作的都市小说《不良雇佣兵》正在幻侠小说网连载并广受好评,有望超越《狂徒》。连载半年以来,《不良雇佣兵》单笔打赏额多次突破千元。"真心的要感谢我的读者,除了写好作品,真的不知道该怎样对他们说感谢。"朽木可雕说。

据悉,2011年6月20日正式上线的幻侠小说网,凭借为用户提供丰富的玄幻、奇幻、仙侠、修真、武侠、历史、军事、网游、科幻等小说题材原创文学作品,已成为国内第三大面向男性读者的专业幻想小说创作平台。

另外,有网友是这样评价网上写作历程的:第一次上网写作,是在游戏论坛上挂帖子。内容自然是关于打游戏的。帖子挂出之后,收到了网友的许多评论,三言两语,有的颇为中肯。看了之后,忍不住对有些问题予以回复,于是又收到回复的回复……交流成了自然而然的事情。与报刊这些传统媒体比起来,网上发文是举手之间的事,一般不会有石沉大海之虞;发文之后,马上就能收到评论,不像在报刊发表之后的寂然无声,诸如此等的众多妙处,形成了网上写作的巨大魅力。

总之,网上写作的流行是有其时代背景和写作优势的。但也不能一概而论,需要注意的是网上"灌水"现象的存在。由于网上发文较为容易,但作者的水平参差不齐,因此,网上"灌水"现象的存在也有了必然性。无论水平高还是水平低的人都可以利用网络大显身手,网上写作的人气飙升,于是网上作文鱼龙混杂,良莠不齐。目前,令很多中小学教师头疼的一个问题是中小学生不喜欢写作文,学生一提作文就反感。也许,尝试转变教学态度,帮助中小学生学习网上写作,让他们在交流中培养语言能力,会是一个很不错的思路,既利于他们内心情感的表达,更利于他们交流能力的提升,达到教学目的。

网上写作无论是在内容上还是在技巧上,它都带有极大的随意性,没有纸质写作那么严谨。网上写作很少有人会对用词字斟句酌，大多数都是畅所欲言，及时抒发自己内心的情感和想法。因此，网上写作也容易野马无疆，由于其具有极强的思维发散性，也可能导致"下笔千言，离题万里"情况的出现。因此，很多作家也会选择后期不断修改，直至最终获得满意的稿件。总之，网上写作之所以受到欢迎，与它能够及时记录思绪，及时汲取灵感是有着紧密的关系的。网上写作崇尚的是一种自由的表达，它是自由写作者的摇篮。

小 结

理解数字土著的关键是理解数字化生存。数字化生存是现代社会中以信息技术为基础的新的生存方式。在数字化生存环境中，人们的生产方式、生活方式、交往方式、思维方式、行为方式都呈现出全新的面貌。例如，生产力要素的数字化渗透、生产关系的数字化重构、经济活动走向全面数字化，使社会的物质生产方式被打上了浓重的数字化烙印，人们通过数字政务、数字商务等活动体现出全新的数字化政治和经济；通过网络学习、网聊、网络游戏、网络购物、网络就医等刻画出异样的学习、交往、生活方式。这种方式是对现实生存的模拟，更是对现实生存的延伸与超越。在数字化生存中，积极合理地运用网络工具会进一步给力学习与生活。本章简要介绍了时间管理、信息检索、知识管理与网络写作等四个方面网络工具的含义与特征，旨在抛砖引玉，让师生理解数字化生存的基本特点。数字化创造了一个虚拟空间，它将时间转换成人类发展的空间，形成一种创造性的时空结构。在虚拟时空中人的发展立足于主体自身的现有条件和数字化平台，立足于全球性的对现实性与虚拟性相互作用认识的深度与广度，为人们提供了重新进行自我塑造和多样性发展的空间。数字化、网络化的多元知识功能则有利于培养社会主体健全的人格和独立的精神，形成新的伦理精神和道德观念，有利于培植当代社会所需要的开放、创新、奉献、共享等新意识、新观念。

思考题

1.网络上的时间管理、信息检索、知识管理、网上写作分别有什么特点？

2.网络时间管理常用方法与工具有哪些？

3.举例说明网络信息检索技术的语法差异。

4.有哪些个人知识管理工具软件？

5.网络写作有什么新的技术与工具？

第四章　网络游戏:悦趣化学习

提到网络游戏,很多人都胆战心惊、义愤填膺,尤其是教师和家长。很多"罪名"都会冠之其头上,比如学生成绩下降、孩子早恋、学生出现的各种违规违纪不听话的现象等。那么,什么是网络游戏? 我们对网络游戏是该全盘否定还是辩证对待呢? 换句话说,网络游戏的存在全是缺点,还是我们可以利用网络游戏使其更好地为我们的工作和生活服务呢?

第一节　网络游戏简介

网络游戏从兴起至今不断经历各种蜕变,自《万王之王》等第一批网络游戏进入中国获得巨大的成功之后,各种网络游戏纷纷涌入中国市场,如由北京华义代理的《石器时代》及联众游戏代理的《千年》到后来的《大话西游》《传奇》以及《天堂》《轩辕剑》等,各种网络游戏充斥着网络世界,影响着我们的工作、学习和生活。在2000年以后,网络所营造的泡沫经济开始破灭,很多盛极一时的网络公司纷纷传出裁员或倒闭的消息。但与此同时,联众游戏却一片繁荣,它以17万同时在线、2 000万注册用户的规模一举成为当时世界最大的在线游戏网站。2008年以后,随着第一代网民走向工作岗位以及"无端网游"的发展,网络游戏逐渐进入成人世界并呈现出差异化发展。本节主要介绍网络游戏的含义和发展历程,旨在读者对其发展渊源有一定的了解。

一、网络游戏的渊源

网络游戏,又称在线游戏,其英文名称是Online Game。网络游戏指的是以互联网为传输媒体,以游戏运营商服务器和用户计算机为处理终端,以游戏客户端软件为信息交互窗口,旨在实现娱乐、休闲、交流和取得虚拟成就的具有可持续性的个体性多人在线游戏。显然,网络游戏存在的前提是互联网,运营商服务器和用户计算机是必备的硬件条件,游戏客户端是必备的软件条件。

网络游戏发展至今,大约经历了四个阶段:第一代网络游戏(1969年至1977年)、第二代网络游戏(1978年至1995年)、第三代网络游戏(1996年到2007年)、第四代网络游戏(2008年至今)。

(一)第一代网络游戏(1969年至1977年)

第一代网络游戏受到硬件和软件技术的制约,不同网络游戏的平台、操作系统和计算机语言各不相同。它们大多为试验品,一般运行在高等院校的大型主机上,如美国的麻省理工学院。第一代网络游戏主要有以下两个特点:一是间断性,即游戏不能保存记录,在电脑关闭或者重启后,游戏相关信息就会丢失,因此,不能持续的玩一款游戏;二是系统不兼容性,即不同的游戏只能在特定的平台上运行,不能很好地实现跨系统运行。

1969年,瑞克·布罗米编写的《太空大战》(*SpaceWar*)的游戏,可以称为第一款真正的网络游戏。因为之前的游戏都是单机版的,无法实现远程互动,但该款游戏可以实现两人远程连线,是网络游戏出现的早期雏形。

PLATO是由美国伊利诺斯州厄本姆的伊利诺斯大学开发的一套远程教学系统,它在网络游戏发展历史中起着举足轻重的作用,它是网络游戏产生和发展的温床。因其强大的处理能力和存储能力,该系统增加了许多附属功能,游戏就是其中一种附属功能。PLATO中提供了很多不同类型的游戏,目的是增加学习的趣味性,学生在学习累了之后可以通过游戏放松。当然,多数是单机版游戏,学生只能自娱自乐。但也有联机游戏,通过多台远程终端机互联实现游戏互动,这就是网络游戏最早的存在形式。网络游戏出现的最初就受到学生的欢迎,如《帝国》(*Empire*)就是当时很受欢迎的游戏之一。当然,随着技术的发展,PLATO上的很多游戏都被改版升级。例如,1974年推出的《帝国》是允许32人同时在线,而这一联机游戏模式成为现代即时策略游戏的标准模式。1975年发布的《奥布里特》(*Oubliette*)属于地牢类游戏,它是后来角色扮演游戏《巫术》(*Wizardry*)系列的鼻祖。

(二)第二代网络游戏(1978年至1995年)

一些专业的游戏开发商和游戏发行商涉足网络游戏,直接促成了第二代网络游戏的产生和发展。第二代网络游戏主要具备以下两个特点:一是网络游戏角色扮演的"不间断性",即游戏者的角色可以延续,今天玩的内容明天可以接着玩;二是游戏能够跨系统运行,需要的是游戏者拥有电脑和调制解调器,硬件相互兼容。

例如,"MUD1"是世界上第一款MUD游戏,也是第一款真正意义上的实时多人交互网络游戏,它是由罗伊·特鲁布肖用DEC-10编写的,它采用20个相互连接的房间和10条指令,用户先登录,然后通过已存数据库进行人机交互,也可以通过聊天系统与其他游戏者沟通。"MUD1"的显著特点是能够保证虚拟世界的持续性,也就是游戏者角色的可持续发展。另外,它的运行环境并不仅仅局限于埃塞克斯大学内部,而是可以在世界范围内任何一台PDP-10计算机上运行。后来,理查德·巴特尔利用特鲁布肖开发的MUD专用语言——"MUDDL"将游戏进行改版,改版后的游戏房间的数量增加到400个,进一步完善了数据库和聊天系统,新增了很多任务,制定了计分程序。时至今日,这一系统还在运行中,但是,它已被授权给美国最大的在线信息服务机构之一——CompuServe公司,名称改为"不列颠传奇"。

第一代网络游戏一般都是免费的或者收费很少的,但随着网络游戏的盛行,直接刺激了网络服务业的发展,因此,网络游戏开始收费,游戏者需要按小时付费才可以玩相应的游戏。

例如,1982年,约翰·泰勒和凯尔顿·弗林组建Kesmai公司,该公司与CompuServe签订了第一份协议,开发了网络游戏《凯斯迈之岛》,该款网络游戏的运行平台为UNIX。该款游戏运营了13年左右,在1984年开始收费,按照每小时12美元的标准收费。

1984年,马克·雅克布斯成立了AUSI公司并推出游戏《阿拉达特》

(*Aradath*)。雅克布斯自行搭建服务器平台,安装8条电话线以支持文字角色扮演游戏,游戏的收费标准也发生了变化,由每小时计费转变为包月计费,每月费用是40美元,目的是让游戏计费更加平民化。《阿拉达特》是网络游戏史上第一款采用包月制的网络游戏,由于包月费用较低,它对网络游戏的普及将起到重要作用。

1991年,Imagi Nation Network的前身Sierra公司架设了世界上第一个专门用于网络游戏的服务平台——The Sierra Network,该平台的第一个版本主要用于棋牌游戏,第二个版本加入了更多的复杂的网络游戏,如《叶塞伯斯的阴影》(*The Shadow of Yserbius*)和《幻想空间》(*Leisure Suit Larry Vegas*)。

(三)第三代网络游戏(1996年到2007年)

随着网络环境的日趋成熟和网络游戏平台的发展,越来越多的专业游戏开发商和发行商介入网络游戏,网络游戏开始形成一种产业。网络游戏的发展开始走向正规的路径,越来越多的人开始关注网络游戏的设计方法和理念,从理论探讨出发,研究更为合理的网络游戏。第三代网络游戏的显著特征:一是"大型网络游戏",它脱离了原本依托单一服务商和服务平台的弊病,直接连入互联网,在世界范围内形成了一个统一的网络;二是收费方式"包月制"开始被广泛接纳,取代了按小时收费的计费方式,转变成为主流计费方式。计费方式的大众化和平民化,推动了网络游戏进入平民生活,增加了网络游戏的推广渠道。

"第一网络游戏"是1997年正式推出的《网络创世纪》,一经推出,其用户人数很快突破10万。《网络创世纪》采用包月计费方式。当然收费方式的改变也引起了游戏经营者或经营目标的转移,从之前专注于研究如何让游戏者投入更多的游戏时间,转变为如何保持并扩大游戏的用户。《网络创世纪》的成功鼓舞了整个网络游戏产业的发展,越来越多的专业游戏公司开始专注于网络游戏的开发,网络游戏市场规模迅速膨胀,如《天堂》《无尽的任务》等。当然,许多小的游戏开发商也逐渐出现,丰富了游戏市场。

《魔兽世界》(*World of Warcraft*)是网络游戏中的奇葩,它是由著名游戏公司暴雪（Blizzard Entertainment）制作的，其类型属于大型多人在线角色扮演游戏（3D Massively Multiplayer Online Role-Playing Game）。作为"大型多人游戏"受到了成千上万人的追捧，赢得了很多的玩家。

2007年1月，《魔兽世界》的全球注册用户数量超过800万，中国用户350万。到2008年1月，暴雪宣布全球注册用户已经超过了1 000万。直到现在，还占据着网络游戏市场的重要地位。该游戏以即时战略游戏《魔兽争霸》的剧情为历史背景，游戏者扮演魔兽世界中的一员在这个广阔的世界里探索、冒险、完成任务。新的历险、探索未知的世界、征服怪物，在这个过程中，一个富有献身精神的活跃的队伍能为探索世界不断注入活力。魔兽世界的内容使该游戏摆脱了累月的枯燥的练级，它会不断地带来新的挑战和冒险。

（四）第四代网络游戏（2008年至今）

第四代网络游戏的产生是由其历史背景决定的，一个是网络时代不断变迁，特别是WEB技术的发展及网络游戏用户需求不断高涨；另一个是私服、外挂等非法程序的侵入导致第三代网络游戏走向低谷。由原网禅团队与中国研发团队联合创制的"中国版奇迹"醉逍遥是第四代网游兴起的动力。它在安全防护和玩法创新上做出了很大的成绩。第四代网络游戏的特点是："无端网游"的兴起。WEB技术的发展，网站技术得到了很大的提升，"无端网游"开始兴起，"无端网游"的意思是不需要客户端直接玩游戏，常见的形式是网页游戏。由于其便捷性，受到了很多人的追捧，尤其是公司白领。许多游戏公司的门户网站把网页游戏作为网络游戏产品的重要分支，并专门开发游戏专区。

网络游戏一度受到央视的关注，从早期对游戏行业的负面曝光到逐渐加大正面宣传，可见网游开始在中国市场占据一席之地。艾瑞公司对这一现象进行了分析，他们认为网游企业受到央视关注，主要有四个方面的因素。主要体现在：其一，网游是相对轻度的娱乐方式，普遍被玩家认同和接受，也鲜有玩家沉迷不能自拔的负面现象；其二，从国内网游的技术创新和发展上来看，网游的研发技术领先于世界；其三，网游发展势头迅猛，已经吸引了游戏行业巨头加入竞争；最后，也是最主要的一个因素，网游挖掘中国文化的态度在海外出口中形成了一定的文化影响力。总之,网络游戏已经成为一项重要的产业,对国民经济的发展起到了重大的作用。

二、网络游戏的分类

网络游戏的种类很多,不同的网络游戏者喜欢不同类型的网络游戏。当然,从不同视角出发,网络游戏分类方法也有很多。

(一)按照网络游戏的使用形式分类

按照网络游戏的使用形式分类,网络游戏可以分为两类,主要是浏览器形式和客户端形式。

浏览器形式,又称网页游戏或者Web游戏,它不需要下载客户端,直接打开网页就可以玩,并不存在机器配置问题,因此操作极为方便,特别适合上班族。同时,随着Web技术的发展,其题材也很丰富,如有《功夫派》(角色扮演型)、《洛克王国》(社区养成型)、《七雄争霸》(战争型)、《弹弹堂》(休闲竞技型)等。

客户端形式,需要公司架设服务器,游戏者下载公司提供的客户端连接公司服务器进行游戏,现在的网络游戏多数属于此种类型。客户端形式的游戏特征一般是游戏者拥有一个虚拟身份,服务端记录角色资料及游戏资讯。较为典型的游戏有《魔兽世界》(*World of Warcraft*)(美)、《穿越火线》(韩国)、《战地》(*Battlefield*)(瑞典)、《天堂2》(韩国)、《梦幻西游》(中国)、《冰岛EVE》,等等。

(二)按照网络游戏模式分类

按照网络游戏模式分类,网络游戏一般分为休闲网络游戏、网络对战游戏、角色扮演游戏。

休闲网络游戏指的是,登陆网络服务商提供的游戏平台后(网页或程序),进行双人或多人对弈的网络游戏。例如,常见的传统棋牌类游戏(纸牌、象棋),如腾讯公司提供的QQ游戏里就有纸牌和象棋游戏。新形态的游戏(非棋牌类),也就是根据各种桌游改编的网游,如《三国杀》《UNO

牌》《杀人游戏》《大富翁》(地产大亨)等。

网络对战游戏指的是,游戏者需要安装支持局域网对战功能游戏,通过网络中间服务器,实现对战,如目前流行的《CS》《魔兽争霸》等,主要的网络平台有盛大、腾讯等。

角色扮演游戏指的是,扮演虚拟角色,拥有网络身份,根据个人身份执行相应任务,根据任务完成情况,实现升级,如大型网游《传奇》,主要的网络平台是盛大等。

(三)按照网络游戏题材分类

按照网络游戏题材分,网络游戏通常分为:魔幻类(如《魔兽世界》)、武侠类(如《天龙八部》)、神话类(如《梦幻西游》)、科幻类(如 *EVE*)、玄幻类(如《诛仙》)、体育类(如 *NBA Online*)、赛车类(如《极品飞车世界》)、音乐/舞蹈类(如《劲舞团》)。

三、网络游戏的优势与弊端

网络游戏作为一个新兴的产业,从20世纪末的形成初期到近几年的快速发展,逐步迈向成熟阶段。网络游戏从无到有,发展到目前已成为中国网络经济的重要组成部分。在其发展的历程中,经历了各种褒贬不一的说法,既受到很多人的追捧,同时也受到很多人的斥责。客观地讲,网络游戏的存在有其优势也有很多弊端。

(一)网络游戏的优势

网络游戏的优势主要体现在以下三个方面:

第一,扩大交流圈子。网络游戏里各种人物都有,而且很多人都是我们在现实生活中很少接触到的。但网络游戏作为纽带,将不同的人联系在一起,大家在玩游戏的过程中,可以交流互动,获得更多的信息。通过网络游戏的交流以及多次合作,大家彼此会产生感情,能够更好地找到知己,抒发自己内心的情感。例如,网游交友网、十三剑网、网游玩家社区,网络游戏的玩家在上面填写资料,留下联系方式,可以按不同条件来搜索玩家资料,通过这种方式,可以保持交流,不用担心下线后失去联系。

第二，减少压力，身心愉悦。我们在学习或工作时，难免会有各种压力的出现，有时会觉得疲惫无聊。在学习或工作之余，尤其是晚上，时间不是太多，但相对又比较无聊时，可以选择适度地玩网络游戏，以缓解精神压力。因为旅游、购物、唱歌、喝酒等基本都是群体活动，需要大家的参与，也需要有较为集中的较长的时间。另外，在网游中，由于身份的隐匿，所以出现了身份丧失，这有利于网络游戏者在网游过程中获得自信，畅言内心的苦闷和压力，同时也可以分享个人心得和体会。通过这种方式，减少了生活中的各种压力，使得身心愉悦。

第三，提高个人修养。在网络游戏过程中，有玩得很投机的伙伴，也有玩得不愉快的伙伴，不管如何，因为是在网络环境中，大家会试图去谅解对方。同时，网络游戏中有输有赢，时间久了，可以锻炼心理素质，坦然面对成败。同时，网络游戏可以练就江湖豪情，培养骁勇的斗志。在网游中，通过相互配合以达到赢的目的，从而培养了合作能力。

（二）网络游戏的弊端

网络游戏也存在着一些弊端，主要涉及网络游戏成瘾的问题，具体体现在以下几个方面：

第一，有害身心健康。长期沉迷于网络游戏中会对人的身体有很大摧残，会出现浑身酸痛的情况，还影响视力，颈椎等，同时，电脑的辐射也会给身体带来很多后遗症，比如皮肤暗淡无光、脸上长痘痘等。近几年有报道称，甚至有些人因为沉迷网络游戏而失去生命。

第二，影响学业。网络游戏容易成瘾，特别是对于自制力较弱的青少年是极为不利的。长此以往，会浪费大量的时间、金钱和精力，导致学业的荒废。甚至因为上网需要花费很多钱，青少年又没有经济来源从而走向违法犯罪的深渊，这些都不利于青少年的成长。

第三，影响人际交往。沉迷网络游戏还会让人觉得生活乏味、无聊、空虚，造成各种各样的心理障碍，甚至是心理疾病，比如不愿意与现实中的家人和朋友交流、不关心别人，极其自私、冷漠。这些极大地影响了人际交往，对人的发展是极其不利的。

无论网络受到何种批判，但事实是，它仍然在不断地推进和发展，这与游戏本身具备的独特的魅力有关。正如下面所说的实例,该网友结合自身玩网络游戏——《魔域》的经验,总结出了他喜欢《魔域》的六大优点和四大不足,从某个侧面可以反映游戏备受欢迎的原因。具体内容如下:

案例一:

网友自谈《魔域》游戏的利与弊

《魔域》自公测那天就在不断完善自己的游戏体系,而作为《魔域》的忠实玩家,我不仅仅喜欢它的免费和PK,更喜欢《魔域》的每天更新。

更新不是说游戏每天的例行更新,确切地说是创新,一个游戏之所以能吸引众多玩家,因为它存在许许多多的新元素。

从公测到现在,《魔域》宝宝不断更新,武器的更新、技能的更新、任务的更新、活动的更新等,这些让所有的玩家体会到了游戏的乐趣,也让我们玩家不管是在视觉效果上,还是在游戏体验中都倍感新鲜。

更让我们玩家欣喜的是,《魔域》成立了皇家记者团,游戏的一些心得体会,经验经历都可以在官网上发表出来,和大家一起分享。我想一个明智的玩家不仅仅要玩游戏玩得精彩,更要把官网的信息掌握,那样才会更有乐趣。

相比其他网游来讲,《魔域》的优点有以下几点:

(1)无限PK,在这个世界里只要你有足够的本领,你可以遇神诛神,遇佛杀佛。打不过可以逃之夭夭,可以上天入地,可以拉帮结伙,找兄弟姐妹帮忙。

(2)在线升级,只要你有祝福,你可以刷怪任务来增加自己的等级。

(3)绚丽的技能,飞天连斩、幽冥鬼火、异能者,那个鬼一样的XP、血族的血影轮回更是无人能挡,都显示出魔域技能的绚丽。

(4)丰富的活动,每当有节日的时候,魔域的游戏策划人员就会想出与之类似的有趣活动，比如这次的亚运会、万圣节等，贴近生活，有趣拉风。

（5）军团和家族的战斗，大家一起争荣誉，属于团体的荣誉。

（6）宝宝的绚丽，各种宝宝活灵活现，形状怪异，各具特色。

一个游戏的好坏不仅要看官方怎么更新，最重要的是要玩家喜欢，因为广大玩家才是游戏的最基本的根基。在《魔域》发展的这么多年里，我也发现了以下几点弊端，这也算是替广大玩家给《魔域》的一点建议。

（1）活动得到的道具和奖励全是赠品，比如万圣节做的任务得到的奖励全是赠的宝石。这样就大大减少了玩家做任务的热情。

（2）游戏里垃圾广告太多，很是烦人，一次游戏里我最多把那些一级的散布小广告的人物拉到黑名单就接近20个。他们都是一级，取的名字都是字母数字，不停地在那散布不良信息和网站。所以希望官网整治游戏世界，还我们一片清新的魔域世界。

（3）有丰厚奖励的任务时间一般都在晚上，这样白天有时间的玩家很少有参加那些的奖励丰厚的任务。

（4）意外奖励很少，隐藏奖励几乎没有。就像刷怪突然掉了一块灵魂等，这样的情况几乎没有，就在刚开始玩的时候我遇见过一次。给玩家的惊喜很少，任务和刷怪得到的奖励都在意料之中，所以建议官网改进。

第二节　网络游戏：开启第二人生

网络游戏之所以能够开启人类的第二人生，主要是因为网络游戏是一个新型的行业，而这一行业的产生是时代的产物，是符合人类生存发展需要的物质工具。它能够满足现代人的物质需求和精神需求，改变既有的生存方式，也能够开拓一种全新视野、全新方位的现代人的生活。

一、网络游戏正在改变经济结构

随着网络游戏的盛行，网络游戏行业已经不仅仅局限于媒体、移动、电信等产业，甚至已经扩展到各个行业，对各个产业的带动作用非常巨大。随着网络游戏产业辐射力的增强，网络游戏中所蕴含的商机也开始引起大家的注意，过去的几年里，它悄然无声地改变着经济结构，正在引发着一场经济革命。显然，这场经济革命离不开广大网游爱好者的推动，同时又作用于网游爱好者。

（一）网游对经济结构的影响

借助网络游戏平台，融合聊天、影视、文学、音乐等产业，同时，网络游戏这一行业的发展势必会带动众多边缘产业的发展，例如：广告、商城、电子、软硬件开发等相关行业，这能够创造更多的就业机会，形成一个以网游为中心的商业圈。游戏周边产品的开发还能够为游戏运营商带来网络游戏收入以外的额外收入，同时，游戏周边产品的开发又促进了网游玩家参与网络游戏。

网络游戏一个显著的特点是其良好的互动性，这也是商业发展的最关键的因素，即如何与消费者形成良好互动，挖掘那些潜在的客户，获得营销利润。因此，很多商家看重网络游戏这一特性，选择与其合作。例如，可口可乐与九城的合作，这是一个典型的企业与网游合作推销的成功案例。虽然可口可乐的前期投入很大，但与网络游戏《魔兽世界》对其销量的带动所创造的巨额利润是无法相比的。网络时代，"游戏产业化"和"产业游戏化"在不断影响着各种产业的发展。

（二）手机游戏与其他产业的融合

目前，网络游戏的盈利模式基本确定，包括出售点卡、网上虚拟物品交易等，但它还存在着一些潜在的经济价值，而与其他领域合作已经成为现代经济发展不可缺少的一部分。根据网游目前的形式，它已经发展成为一个巨大的受众平台，跨领域的宣传合作将会成为网络游戏新的盈利方向。

1.手机网游与3G技术的融合

随着3G技术的产生和发展,手机无线网速慢和资费高的问题开始有了大幅度的改善,再加上人们对网游的热爱,手机网络游戏开始占据重要席位。

由于手机具有的便携性,相比电脑而言,它更容易满足用户对娱乐市场的需求。结合手机的通信功能和娱乐功能来看,手机网游的发展潜力是巨大的,它所带动的产业链范围也是极广的。因此,手机网游所带来的商业价值不可忽视。正如国内手机游戏门户及社区网站当乐网的副总裁张俊彦所说,手机游戏是目前移动互联网中盈利模式最清晰、最赚钱的行业。目前,网络上存在很多的像当乐网一样的手机游戏网站,如搜索、浏览器厂商,它们也开始做手机游戏。

例如,手机网游的兴起,它带动了移动和电信等网络公司的发展,同时,移动和电信等网络公司为了顺应用户的需求,不断研究新的技术。同时,国内手机产业也受到很大的影响,各个公司为了适应3G技术和网游需求,纷纷改版升级,用高版本的手机系统以支持网游客户端的下载。同时,在3G技术开启后,媒体行业也将视线转向了手机网络游戏,想抓住时机,从手机网游中赚取巨额的利润。

2.手机网游与广告的相互融合

广告,尤其是商业广告,主要目的是宣传,获得一定的利润。广告一般都有明确的目标受众。目前,我国网络游戏玩家年龄结构趋向于年轻化,多数集中在16岁到30岁。在这个时期的年轻人,追求时尚,喜欢接触新事物,是许多消费的潜在客户。根据目标受众的这个特点,结合网络游戏本身的娱乐性和互动性,在网游中植入广告以达到刺激消费的目的是一项很好的举措。

据相关研究显示,在美国、日本等国家,植入式广告的收入占整个网络游戏产业整体收入的35%左右,而在我国这个数值还不足3%。至少反映了这样一个问题:在网游中植入广告还存在着巨大的潜力。网游中植入广告有显著的特点:

一是宣传面广。好的网络游戏玩家成千上万,访问量极高,同时,玩家之间在玩的过程中也会对广告产品进行讨论和评价,增加了广告的传播性。

二是隐蔽性强。网游中的广告一般都是以各种形式隐藏在游戏中,这种潜入方式会在不知不觉中突破游戏玩家的心理防线,让玩家在不知不觉中接受广告内容,而不会像对传统广告直白的诉求模式那样产生视觉疲劳和厌倦感。

三是突破时空限制。网游中的游戏突破时空限制,随时随地都可以出现,而不是像传统广告那样只能在某个特定的时间段出现。因此,这增加了广告宣传的灵活性,增加了广告的宣传力度。

(三)网游与数码产品的相互融合

网络游戏的兴起也促进了数码产品的发展。目前,韩国的网络游戏赛事WCGC已经有了较大的影响力。三星集团抓住商机,投入大量的资金,目的是通过此赛事促进数码产品的销售,获得更多的销售利润。同时,通过承办游戏比赛,还能够获得赞助商的支持共同挖掘游戏的其他商业价值。

网游与数码产品的融合,尤其是电子竞赛的兴起使二者的发展有着更大的潜力。一是,通过举办游戏大赛,游戏公司获得了较高的知名度。二是,对于电子公司而言,他们可以通过游戏宣传其电子产品,提高销售量。无疑,无论游戏公司还是电子公司,二者产品的融合是互利共生的,有利于更多利润的获取。随着电子竞赛多样化的发展,两者融合的前景越来越好,规模不断壮大。

二、网络游戏正在改变文化价值观

如今网络游戏已经成为社会休闲娱乐生活中不可或缺的一部分。在过去的十余年中,网络游戏在游戏市场的变革下迎来了一次又一次的市场收益高峰,各种投资商纷纷将目光转入这一市场。网络游戏可以说是一个赋予了现实人群"第二次生命"的载体,而这一生命在游戏中诞生,随着玩家终止游戏而终结。每一款游戏不同的人物与历史文化设定将赋予玩家不同的人生经历。网络游戏通过网络将不同群体中的人互相联系在一起,每一个游戏似乎成为了一个虚拟世界的城市,一个虚拟而真实的社会。所有玩家在这个社会中可以自由地表现自己,可暂时地放下真实社会中的压力来轻松地娱乐,在游戏的这个虚拟社会中人们可以感受到与现实生活不同的世界观、全新人生旅程以及不同游戏特有的文化气息。

据国外媒体报道美国政府下属的美国艺术基金会(National Endowment For The Arts)已宣布所有为互联网和移动技术而创造的媒体内容,包括电子游戏被正式确认为艺术形式。这一决定也充分地表明了西方社会对网络文化的一种肯定。在电影这一艺术中,有些我们只能将其当作一种生活的消遣,而有些我们却不得不心悦诚服地称其为艺术。电影与游戏之间较为相似,电影追求的是让观众在观看的过程中产生真实感觉,而游戏则是可以让玩家亲自融入这一虚拟社会中,更有身临其境的感觉并带来无限自由的空间和遐想。以第一人称视角通过文字、语音、特效、动画场景展现游戏剧情,游戏中塑造出一个个活生生的人、事、景,通过玩家的参与使其更能轻松快捷地融入这一虚拟社会之中。所以一款优秀的游戏作品不仅融合了音乐、美术、历史、影视、小说等文化艺术元素,也增加了人与人之间的互动性,这也是游戏被人们誉为第九艺术的原因所在。

网络游戏与单机游戏相比除了本身拥有一般电子游戏的自主性、虚拟性、娱乐性等特点外,还具有了基于网络和虚拟社会而产生的一些特性,如交互性、社会性、教育性和沉浸性。无论是单机游戏还是网络游戏,一款优秀的游戏产品都注重剧情发展,大多数游戏都包含了大量的故事情感色彩,如《魔兽世界》这部作品目前已是网游玩家较为熟悉的了。但在最初,暴雪公司的主创人员只是受到了《沙丘》系列的启发,打算开发即时战略游戏,而在创作这个游戏的过程中,经过简单的模版修改和种族地图设定后就推出了《魔兽争霸》第一代。在取得一定社会影响后研发团队进一步添加属于自己游戏的世界历史剧情,在之后近10年的持续努力下,我们见到了《魔兽世界》这个网络游戏史上的经典大片,游戏将之前设定中的人物思想以及每个剧情演变成连贯的任务故事,更直观地展现在玩家面前让玩家参与其中,游戏中与同伴一起拯救世界,创造了属于自己的游戏生活,并同步出版相关漫画、小说,慢慢地形成自己产品独特的文化产业链。除了体验不同的生活外,一款优秀的游戏产品还会让我们在游戏的过程中学到更多的历史文化以及生活知识。电子游戏又如同一本书,一款角色扮演类游戏就好比探险类小说,而历史类游戏则可以使人更直观地了解历史。通过游戏这种互动的形式,来探索某类社会人文问题或关系,或传达作者主观信息。在国产单机游戏中,《仙剑奇侠传》《轩辕剑》等游戏的文学艺术价值不亚于很多古典武侠名作,但是在目前国产网络游戏中则很少能将游戏的文化艺术价值体现出来。

网络游戏市场在商业资本的进入下,唯利是图的商业运营,将网络游戏的负面因素肆意扩大,暴力、恐怖、色情被作为噱头大加渲染。虽然成功的商业游戏也总是需要建构一个符合玩家需求的虚拟世界,通过玩家与作品之间完善的互动,才能满足玩家的心理需求或生活需求,使玩家沉迷于这个虚拟世界中。为此,游戏运营商不断地增加游戏内的各项收费点,变换收费模式,从而游戏重心从游戏可玩性、文化性、世界观设置转化为各种禁锢住用户的枷锁,以及收费功能的开发。网络游戏不断地与现实生活的金钱挂钩,游戏运营商不断地从商业角度修改游戏,渐渐淡薄了游戏初始点娱乐消遣的功能,也不再重视去发掘游戏的文化价值。虽然大部分人能够把虚拟和现实分开,但是仍然使整个产品价值观逐渐趋于扭曲,产生了大量的社会问题。作为玩家而言,一款优秀的游戏应该存在于游戏艺术形式之上,并不是以使玩家沉迷为首要目的。网络游戏之所以拥有如此大的影响力,最重要的因素就是它的互动性。游戏品质虽然不会跟运营模式有直接必然的联系,但是运营模式可能直接影响游戏玩家对游戏的认知感。相比单机游戏而言,目前大多数网络游戏作品都已经失去了原应有的光彩,难以成为知识的获取或者放松休闲的场所,更多的是让人们觉得游戏中处处都是消费金钱的陷阱。

过分地将游戏商业化必然会为社会带来许多负面的影响,甚至在一部分人眼中,玩游戏还被定位为不务正业。但与此同时游戏文化已经悄然被视为一种正常的新型文化消费。伴随着互联网文化的兴起,我们不能再简单的否认游戏这一互联网文化产物,或者去歪曲游戏文化。各种益智类游戏也逐步走入家庭,得到了家长的认可。正视游戏这种文化消费,将彻底转变我们对待游戏产业的态度。一款好的游戏如一部好的电影,需要游戏运营商以及游戏开发者对游戏产品自身的艺术文化价值进行发掘,以及进行优秀的游戏产品运营规划,而非单纯考虑商业目的。

三、网络游戏正在改变生活方式

近些年,网络的迅速发展,在冲击着社会经济形态的同时,还强烈冲击着传统的思想观念以及思维方式,它正在改变我们的生活方式。网络作为一种工具,既影响着人类的物质生活,也影响着人类的精神世界。一般而言,网络对物质世界的改造一般都是正面的影响,它提高了工作效率,改善了工作环境,促进了社会生产力的发展。但网络对精神生活的影响却很复杂,它在提供娱乐休闲的同时,也带来了很多负面的影响,比如说沉迷于网络游戏给人际交往、婚姻等带来各种问题。

（一）网络游戏对人际交往的影响

我们常说的网络交往是指通过网络发生的人际关系。网络交往的主要方式有:电子邮件(E-mail)、网络聊天(如腾讯QQ、MSN、聊天室)、论坛(BBS)等。一般而言,网络交往是一种虚拟的交往,具有身份隐匿的特点。在网络时代,网络交往是传统人际交往的一种延伸。

网络一般具有虚拟性、开放性、自由性、隐蔽性、交互性、平等性和创新性等特性,这些都方便网民之间的交往,也丰富了网民的生活。同时,由于网络身份的隐匿性,网络交往能够消除传统交往中人与人之间的界限和鸿沟,大家在网上可以畅所欲言,尽情地表达个人的想法和感受,有一定的自由性和民主性。

当然,网络中的交往,尤其是网络游戏中的交往,因为其带有更多的娱乐性,更容易导致网游交往者之间语言和行为的随意性,同时也缺乏一定的责任心。长此以往,这种交往会造成人际关系中诚信度的缺失,威胁传统的道德规范,对于精神文明建设是极其不利的。因此,要重点关注网络游戏对人际交往的影响,充分利用它带来的正面效应,妥善处理它所带来的负面效应。

（二）网络游戏对婚姻关系的影响

网络游戏的存在给婚姻关系也带来了巨大的挑战,它开始影响着传统的夫妻生活。根据北美杨百翰大学所做的调查,调查结果显示网络游戏的存在与当今社会夫妻婚姻幸福度下降有直接的关系。

调查结果认为,现实生活中,由于夫妻中的一方将大量精力放在游戏中,忽略了另一方的感受,这种做法导致婚姻幸福度大打折扣。因此,网络游戏是夫妻婚姻生活不和谐的一个原因。当然,若是夫妻共同玩游戏,有着共同的爱好,那么他们的婚姻则会是很幸福的。但是,这种情况还是很少的。因此,网络游戏玩家在玩游戏的时候,要张弛有度,在娱乐的同时处理好家庭问题,不要让网络游戏成为影响婚姻生活的罪魁祸首。

(三)网络游戏的其他积极影响

很多时候,提起网络游戏的影响,大家通常所能想到的都是消极影响,更是有很多人认为,现在孩子出现的"自闭症""早熟""早恋""聚众违法犯罪"等现象都与网络游戏有千丝万缕的关系,甚至网络就是罪魁祸首。

当然,这些指责也不是空穴来风,它也是有一定的事实依据的。近些年来,因沉迷于网络游戏而抢劫的青少年违法犯罪案例屡见不鲜;因网络游戏交往而产生的校园早恋现象也一直是让教师和家长头疼的问题;因沉迷于网游世界,活在虚拟世界而拒绝现实交往的孩子也不在少数。因此,谈到网络游戏,负面消息较多,不良印象也较多。

但事实上,很多人忽略了网络游戏只是一种工具,是物质的一种存在形式。就如枪支的存在,若用他来保家卫国,那么枪支就有积极的意义;若用他来伤害无辜,那么无疑他就是罪恶的深渊。这所蕴含的道理很简单,工具的存在是一种客观的事实,它的价值的实现则取决于使用者。因此,网络游戏也是这样的,只要具备良好的网络素养,树立正确的网络价值观,那么网络游戏会产生它积极的影响。

生活中,由于各种原因,我们会处在压力之中。而网络游戏的魅力就在于它可以以它的娱乐性和互动性缓解各种压力,避免郁闷、烦躁等不良情绪的产生。网络改变了传统交往中因为太熟悉或者出于自我隐私的保护而产生的许多"难言之隐"。在网络上,大家可以畅所欲言、家长里短,只要想说,就可以随时倾诉,而不需要像传统交往那样,在固定的时间里只对固定的人说。

另外,网络交往中,可以增强个人自信心。有些人,在现实中会有一定的自卑感,也会产生一定的交流障碍。但是,在网络游戏中,由于环境的自由性和平等性,反而容易让他们发现自己的个人魅力,久而久之,改善生活中的自卑情绪,有利于积极健康的生活模式的建立,也许这些都是在传统的交往环境中无法实现的。

最后,网络游戏的竞争性,能够在愉悦的氛围内给参与游戏者一种竞争的心态,培养其上进心,形成良好的心理素质。这也避免了现实生活中因为怕在朋友或亲人面前"丢面子"而不敢参与的心态,这种心态常使得很多原本属于自己的机会擦肩而过。

四、网络游戏对青少年的影响

网络游戏对青少年身心的负面影响是不能忽视的。面对网络游戏,青少年是弱势群体,他们极容易沉迷其中不能自拔;因为网络游戏,他们走向了违法犯罪的深渊,聚众斗殴、抢劫;因为网络游戏,他们没有饮食规律,自闭、忧虑、暴躁。网络游戏给他们带来了太多的负面影响,当然这与网络游戏本身存在的问题不无关系:

首先,很多网络游戏制作低劣且趣味低下,为了获得商业利润,迎合市场需求,过分渲染血腥厮杀和仇恨场面,同时掺杂了大量的性与暴力相关的内容,对于正处于身心发展关键时期的青少年是极其不利的,使得其道德观念受到负面的影响,而这种负面的价值观不利于青少年健康、积极价值观的产生。

其次,许多孩子因为沉溺于网络游戏不能自拔,导致学习成绩下降,很多青少年因为沉迷于网络游戏性格越来越孤僻、越来越暴躁,经常与教师、朋友及家人发生口角,甚至是肢体冲突。人际沟通和交流出现障碍,同时也引发了各种心理障碍,甚至患上各种心理疾病,这也是很多教师和家长最为担心的事情。

目前,网络作品中充斥着太多的暴力、血腥、色情等诸多不健康因素。长时间不顾身体条件不眠不休的练级、因兴奋和激动而出口成"脏"以及血淋淋的冷酷无情的PK等,毫无疑问,这些行为对正处在成长关键时期的青少年玩家而言,是极其有害的。为此,许多家长也表露出这样的心声:由于孩子通宵达旦地泡在充满厮杀、血腥的网络游戏里,耽误了原本正常的学习生活,学习成绩一落千丈;原来的优秀品质也不见了,脾气变得暴躁易怒、孤僻、不爱交朋友,甚至经常出口成"脏"。与这一情况相对应的是中国网游产业的迅猛发展。与周边国家或者其他的地区相比,中国的网络游戏产业被评论为"中国网络游戏将爆炸式增长"。归根结底,我国网游产业的勃勃生机及飞速发展是由于国内提供了良好的政策环境,极其广阔的网游市场空间等因素。

既然网络游戏对青少年有如此深刻的影响,网游产业的发展又势不可挡。那么,如何拯救这些沉迷于网络中的青少年,便成为当下一个急需解决的问题。显然,越来越多关于网游的负面影响受到了政府及相关部门的高度重视,同时,充满暴力、血腥、色情等不健康因素的网游对青少年成长造成了严重的威胁也得到了许多有识之士的普遍认可,他们开始呼吁健康网游环境的建设,坚决抵制暴力、血腥、色情等不健康的网游环境。家长和教师也纷纷表示,希望市场上能多一些适合青少年的、健康的网络游戏,为青少年提供一个健康积极的成长环境。

前新闻出版总署相关负责人石宗源说过,"我们应该向孩子们提供健康的有利于他们健康成长的作品",国家相关部门采取大规模高强度的手段整治各种不健康的游戏软件及相应的出版物,要求所有经销市场在显著位置设立未成年人网络游戏和出版物专卖场,严厉拒绝和打击一切有害网络游戏和出版物的交易。这一规定,直接吹响了网络游戏变革的号角。其中,以《咕噜咕噜》为代表的健康休闲网游,是友联网推出的第一款健康休闲网游。该款网游内容健康有趣、游戏氛围活泼轻松、提供友联社区服务,这三个特点在游戏中互相融合。游戏中嵌入了友联网大型游戏社区、好友系统、家族功能和结婚系统等社区服务,整个游戏提供了一个和谐的环境,玩家像在一个和睦的大家庭里游玩,非常轻松。友联网CEO金喜永也表示年轻人的健康成长取决于社会所能提供的娱乐文化氛围,友联网基于年轻人成长的需要,为社区会员提供了交友、i秀、同学录、论坛、游戏、聊天室和短信等健康有益的网络社区服务。因此,游戏主角主要是8位非常有个性的卡通版人物,而游戏的玩法也是借鉴了国内流行的炸弹人模式。它为国内网络游戏开辟了健康休闲的新方向,成为我国网游市场的一股清流。

虽然目前"健康网游"为净化国内网游产业环境作出了一定的贡献，但却没有将其价值发挥到极致。从整个网游环境来看，各种不良的网络信息仍然在某种程度上影响着青少年积极价值观的培养和形成。因此，希望政府和社会各个部门能够更加努力、更加重视"健康网游"事业的发展，为青少年用户提供有助于青少年健康交友和娱乐的网络社区。

同时，青少年需要树立游戏只是生活乐趣中的一部分的观念，游戏的存在是为了娱乐，为了增加生活的趣味性，而健康才是每个人生活的根本质量。若是能用健康的身体享受健康游戏的乐趣，才是真正的享受生活。若是在玩游戏中损害了身体的健康，这将是舍本求末，得不偿失。教师和家长也要有信心，在社会各界的努力下，网游将会形成健康的、具有勃勃生机的市场，广大用户尤其是青少年用户将在健康的网络游戏中享受健康生活的乐趣。

第三节　悦趣化：最优经验与心流状态

据相关调查显示，青少年学生以游戏娱乐为上网需求的占上网总需求的35.8%，网络游戏已成为青少年学生上网的第一需求。面对迅速增长的青少年玩家，面对网络游戏对教育产生的巨大冲击和挑战，许多教育工作者不再一味地批判网络游戏的危害性，而是将视线转向如何引导青少年既能在网络游戏中得到娱乐和休闲，又能增长青少年的知识和技能。换句话说，就是如何利用网络游戏对青少年的吸引力更好地实现"传道授业解惑"的教育功能，真正做到"寓教于乐"。这一观念的转变，将会使网游成为教育改革的一个重要的工具和导火索，为教育事业的发展带来新的期望。而这一切不得不归功于教育游戏的独特魅力——悦趣化，它能提供最优经验和最佳心流状态。

一、最优经验与心流状态

心理学家米哈里齐克森·米哈里在《幸福的真意》一书中讲到"当知觉收到的资讯与目标亲和，精神能量就会源源不断，没有担心的必要，也无需猜疑自己的能力"，这就是所谓的最优经验。最优经验强调的是一种与追求目标相切合的心理状态。

同样，在《幸福的真意》中也对心流做了一个定义，即"心流是意识和谐有序的一种状态，当事人心甘情愿、纯粹无私地去做一件事，不掺杂任何其他乞求"。心流强调的是一种"意识的和谐有序"，即完全出于心甘情愿、没有勉强地去做一件事情。

当最优经验出现时，一个人可以投入全部的注意力，以求实现目标；没有脱序现象需要整顿，自我也没有受到任何威胁，因此不需要分心防卫，我们把它称为"心流经验"。这段话告诉我们，"心流经验"是做事情的一种极佳的心理状态，在此种心理状态下，做事者可以以百分之百的热情和精力，心甘情愿地朝着既定的目标努力，达到事半功倍的结果。

米哈里对心流（Flow）的定义是：将个人精力完全投注在某种活动上的感觉；心流产生时同时会有高度的兴奋及充实感。同时他认为，能够产生心流的活动一般具备以下几个特征：

第一，我们倾向从事的活动，即个人所要从事的活动与个人内心想要从事的活动有一定的切合度，而且切合度越高其心流活动更容易产生。

第二，我们会专注一致的活动，即个人能够集中注意力全心全意地去做所要从事的事情，而不是不断地被打断，或者是被分散注意力。

第三，有清楚目标的活动，即从事的事情目标具有明确性，个人能够清晰明确地知道活动最终要实现怎样的效果。

第四，有立即回馈的活动，即在从事的活动中能够及时地得到结果反馈，可以看到从事活动的进展和回报。

第五，我们对这项活动有主控感，即个人能够掌控从事活动的主要进展，能够成为活动进展的主人。

第六，在从事活动时我们的忧虑感消失，即从事活动时可以减轻内心的忧虑，内心能够产生积极的正能量。

第七，主观的时间感改变，即可以从事活动很长的时间但却感觉不到时间的消逝，觉得时间过得很快。

以上七个活动是可以产生心流的活动特征，但并不是说需要同时具备这七个特征才会产生心流。同时，米哈里齐克森针对一群人可以在一起工作并使得每个个体都能达到心流的状态提出了一些独到的见解。其主要特征有以下几个：

第一，创意的空间排列，即对人员任务的安排应该符合人员的内心期望，使其产生工作的动力。

第二，游戏场的设计，即对群组人员提供符合群组人员特性的游戏，提高其工作的兴致和乐趣。

第三，平行而有组织的聚焦，即群组成员之间相互平等，同时在完成任务时又协调有序，能够积极合作。

第四，目标群组聚焦，即群组人员有共同的目标，这种目标的设置既相对独立同时又相互关联。

第五，现存某项工作的改善，即将群组成员的目光聚焦于事务的原型化，能够看到事物之间的联系和区别。

第六，以视觉化增进效能，即群组成员能够清晰可见事情的进展，受到鼓舞并能继续进行活动。

第七，参与者的差别是随机的，即群组成员讲究各尽其职、各显其能，不能刻意制造成员间的鸿沟。

当然，米哈里齐克森·米哈里可能是第一个将心流的概念提出并以科学方法加以探讨的西方科学家。为"心流"的研究做出了重要的贡献。但我国佛教及道家早期的精神实践早就开始运用了心流技法，尤其是在佛教中，心流早就是个耳熟能详的词了。

相关研究显示，当一个人处于心流状态时，他通常表现出如下的几个特征：第一，一眨眼一小时就过去了；第二，感觉做任何事都很重要；第三，不自觉；第四，知行合一；第五，觉得被完全控制；第六，感觉从本质上讲是有益的。

案例二：

以心流状态分析游戏指南的挑战性与趣味性

这是一个以心流状态分析游戏指南的挑战性与趣味性的案例。

指南通常是游戏体验的必要组成要素，但毫无疑问，当你教授很多需要耗费较长时间掌握的机制时，玩家的学习过程就不那么有趣。指南的挑战之处在于要确保体验趣味,同时又要训练玩家。

单人指南通常更容易变成有趣的体验。玩家会同AI进行持续若干小时的角逐,因此设计师通常都慢慢训练玩家,因为指南内容很难完全融入体验中。但在多人体验中,玩家通常和其他对手而非AI进行较量,所以指南是个独立内容,训练竞赛,而非实际比赛将促使玩家丧失潜在乐趣。

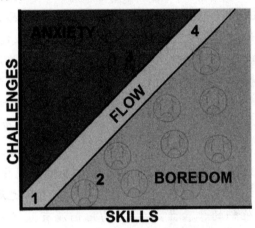

图4-1 Csikszentmihalyi的心流图表

图4-1是Csikszentmihalyi的心流图表。置身心流状态的必要条件是玩家需掌握应对关卡挑战的相应技能。掌握过少技能会令他们焦躁不安,而掌握过多技能则会促使体验变得乏味。各数据代表玩家在普通多人游戏中的自然发展阶段。

(1)玩家刚开始玩游戏。他们的技能水平多半很低,所以他们给自己设定的挑战多半也很低。他们不会想要尝试赢得比赛,而是会首先要求自己学习若干新移动操作及攻击些许敌人。由于低挑战同他们的低技能相呼应,因此他们处于心流区域。随着他们面对更多游戏内容及其中挑战时,他们发现自己的技能不足以应对这些挑战,因此开始脱离心流状态。

(2)玩家发现自己不知道要如何体验及完成指南内容,才能让自己的技能更好地匹配挑战内容。体验通常缺乏趣味性,所以他们最终会心生厌烦,想知道自己什么时候能够同他人共同体验。在他们真正同他人共同体验游戏的完整内容前,出现乏味感将无法避免。

(3)无论玩家在首场比赛前收到多少信息,在同进行过更多比赛回合(游戏邦注:即便只是多几场)的玩家进行较量时,他们依然属于新手玩家。当玩家不熟悉地图布局及最佳策略,从而被熟悉这些内容的人士嘲笑时,出现焦虑感在所难免。

(4)进行几个回合的比赛后,玩家起初的紧张感会消失,因为他们开始变得更出色。当他们的技能逐步提高,能够应对其他玩家呈现的挑战时,他们又再次开始进入心流状态。

在紧张和厌烦状态之间,厌烦情绪对游戏而言更加有害,因为最佳体验通常令人愉快且趣味横生。焦虑不可避免,因为多数玩家会在首个游戏回合中紧张不安,所以厌烦情绪是更容易解决的问题。为降低指南带来的厌烦情绪,许多指南内容都极力保持简洁性,附带加载页面提示,呈现指南没有覆盖的其他经验内容;这有可能会导致未向玩家传递足够信息,进而加深他们的体验焦虑感,因为他们没有做好充分准备。焦虑感的加深不仅是因为他们缺乏技能,还因为社区玩家将因此笑话他们(如图4-2)。

图4-2　gamasutra.com 网站提供的第一个进入游戏的问题
(我的死亡率小于1,所以他称我为菜鸟)

　　巧妙地给指南添加更多心流元素的一个方式是,让他们融入智能机器人,以提高玩家学习机制的挑战性。这让玩家得以参与引导他们把握游戏规则和机制的实践竞赛。这通常是个受到仔细引导、挑战性很低的练习(依然有些许粘性),它们不够有趣,玩家多半不会想要再次进行体验。玩家完成指南内容后,教育玩家的主要目标就顺利完成,玩家的技能远超越游戏呈现的少量挑战,所以在着手开始进行竞争性比赛前,玩家没有欲望停留在指南内容中。如果旁白以谦卑方式祝贺他们顺利掌握简单指令,他们会更迫不及待地想要终止指南内容。

　　制作指南是因为它们是玩家需要的内容,但我们还应该将其打造成玩家期望获得的内容。如果这不是他们想要获得的内容,那他们就不会喜欢这些内容。如果他们想要获得挑战和竞争,为什么不在指南中积极融入这些元素?我在近来的 *Sonic* 游戏中体验最多的关卡是游戏的首个关卡。在1分钟内完成关卡(这需要探索关卡及掌握控制装置,两种技能都需要玩家反复试验关卡,方能最终掌握),玩家将获得成就奖励。

图4-3　gamasutra.com 网站提供的教程漫画

获得成就奖励后，我依然继续进行尝试，希望能够缩短时间，在排行榜上获得更靠前的位置。我并不觉得这款游戏属于竞争性质，但我在首个关卡就开始积极展开角逐，希望能够获得炫耀权利。我觉得自己已差不多掌握这款游戏，而此时我还没有进入第二个关卡。还有若干方式能够提高指南的挑战性：可以选择像Sonic那样融入动态难度，同个关卡会带给勇敢玩家各种各样的挑战；再来就是静态关卡，玩家会选择他们偏好的挑战层级；或者甚至是即时竞争，玩家在指南关卡同其他玩家展开竞争。最后一种情况也许会带来些许紧张情绪，但如果他们急于想要体验竞赛内容，那么不记录数据的竞赛角逐无疑最适合他们。（如图4-3）

制作指南绝非易事，在不令玩家心生厌倦的情况下向他们传递所有必要信息是项困难任务。这不是独立于游戏之外的体验，它们是游戏的组成部分，需富有趣味。玩家会在头30分钟的体验里就对游戏形成总体印象，所以最好确保他们在这段时间里享受于游戏当中[①]。

二、教育网络游戏的特征

网络游戏的兴起使得许多教育学者开始关注"心流经验"，希望借助它对教育事业做出独特的贡献。当然，事实上网络游戏这些年的蓬勃发展也已经证明了其独特魅力所在。我们完全可以利用网络游戏的这一"娱乐性"，将其与教育事业相结合，为青少年提供"心流经验"，使其在娱乐的氛围内实现学习目标。在教育中，网络游戏的"悦趣化"主要体现在以下四个方面：

第一，教育网络游戏不受时空限制，为学生的自主学习提供了平台。教育网络游戏提供的信息较为丰富，时效性高，不受地域局限，超越了传统的时空限制。只要有电脑有网络，游戏玩家在任何自由的时间内都可

---

① 佚名.以心流状态分析游戏指南的挑战性、趣味性[EB/OL].(2012-06-12)[2013-02-11]. http://www.kuqin.com/gamedev/20120612/320894.html.

以进行网络学习。而这一特点便增加了学生学习的自主性,学生可以在没有教师的引导下进行独立的学习,也可以在游戏遇到难题时,向其他游戏玩伴请教问题解决方案。在教育网络游戏中,学生主体地位的重要性更为凸显。

第二,教育网络游戏创造的各种教育情境,丰富了学生的学习体验。教育网络游戏的一个显著特点是它能够利用声音、文字、图片和动画等各种媒介形式提供丰富的视觉和空间表现手段,创造各种适合学习者学习的教育情境。学习者在游戏的过程中需要完成各种明确而有趣的任务,这些任务都是与学习目标和能力相关的。由于情境的创设,它能够给学习者带来全新的刺激和感受。同时,对学习者的可控性也较强,减轻了暴力、色情等游戏成分对学生的负面影响。教育网络游戏中情境的创设,有助于学生投入更大的热情接受各种挑战,丰富了学生的学习体验。

第三,教育网络游戏的趣味性,为学生提供了轻松愉悦的学习氛围。趣味性是教育网络游戏应该具有的重要特征,若一个游戏没有趣味性,那它就失去了它作为游戏的本质特征。为了迎合学习者的口味,真正实现"寓教于乐",让学生在游戏中学会相关的技能。许多游戏开发商,运用各种高新技术,创作各种优质的画面和音响效果,精心设计了具有吸引力的故事情节,为整个游戏内容和形式增加了趣味性,为学生提供了轻松愉悦的学习氛围,而这一特点能充分地满足学生的好奇心和求知欲,提高学生学习的积极性和主动性。

第四,教育网络游戏的竞争性,为学生提供了参与和协作的动力。教育网络游戏具有竞争性和互动性,同时它又是一个群体性的活动,学习者需要相互协作才能完成。在教育网络游戏中,学习者之间既存在着竞争,也存在着合作,他们之间的关系是动态变化的,既在竞争中合作,也在合作中竞争。游戏玩家之间的相互配合是极其重要的,默契的合作是游戏取胜的法宝。教育网络游戏一般通过竞争、协作、角色扮演等策略实现学习者之间的协作。教育网络游戏本身所具有的互动性也有助于学生在游戏中与他人产生互动,增加了学习者的参与度。学习者在游戏的参与过程中逐渐学会合作、培养能力、体验激情。

虽然从理论上讲,教育网络游戏对教育的发展将会起到积极作用,但在实际操作过程中却会遇到很多问题。例如，如何将网络游戏与中小学的学科知识相融合、采取何种游戏表现形式来开发教育网络游戏等。具体的问题主要体现在以下两个方面：

第一，开发适用于中小学的教育网络游戏软件，需要得到教师和家长的认同，而这个在当前还不能得到家长和教师的有效配合。目前，教育网络游戏的消费模式是需要学校或家长付费，因此，教育网络游戏在迎合学生口味的同时，还必须获得教师和家长的认同，这是其生存的物质条件，也是基本条件。那么，如何才能得到教师和家长的认同呢？如何处理好"教育"和"游戏"之间的关系，使二者相得益彰，成为教育网络游戏软件开发的关键。换句话说，教育网络游戏的两个主要特征是：教育性和游戏性。游戏是为了更好地教育，是为了给学生提供一个轻松愉悦的学习环境，但最终还是为实现教学目标而服务的，这一点才是网络教育游戏生存的核心竞争力。即与一般游戏的纯粹娱乐性相比，它的教育优势更加明显；与一般的教育模式相比，它的娱乐性又极为突出。因此，要权衡好教育和游戏之间的比例，如果教育成分过多，失去了娱乐性，学生容易失去兴趣，达不到理想效果；如果娱乐成分过多，冗余信息太多，教育性不强，这样会浪费学生大量的时间，不能很好地发挥教育效果。

第二，教育网络游戏由于其"娱乐性"较强，要求学生有较高的自制力。但青少年自制力相对较差，因此，对于青少年而言，教育网络游戏更是一把双刃剑，有利有弊。对于自制力较好的青少年，他们在教师和家长的引导下，能够轻松愉快地完成教学目标，实现其教育功能；而对于那些自制力较差的青少年，他们很有可能不顾教师和家长的劝说，沉迷于网络游戏，只顾享受娱乐，而忽略了学习，这种情况一旦出现，将会给青少年的成长带来很多不利的影响。无论如何，教育网络游戏只是教育改革的一种工具，而工具本身没有利害，关键是看使用者如何应用它。因此，教师和家长应该及时更新观念，了解各种教育网络游戏的特点，及时跟青少年沟通，选择适合青少年成长的教育游戏，学会对青少年进行引导和启发，能够恰当地运用教育网络游戏，使得青少年枯燥的学习生活变得生动有趣、丰富多彩。

三、网络游戏的教育功能

南京师范大学张义兵副教授梳理过网络游戏的四大教育功能：信息时代德育的新渠道；青少年智能开发的新途径；青少年体育的新内容；给青少年审美活动带来新体验。因此，网络游戏在教育中的功能实现是多维度的。通俗地讲，网络游戏的教育功能主要体现在以下几个方面：

（一）作为知识载体，传授学科知识

网络游戏作为一种新型的知识载体，它能够通过文字、图片、视频等多种方式传授各种类型的知识。例如，历史题材的网络游戏，可以蕴含丰富的历史知识，让学习者在玩游戏的过程了解历史背景、人物特征、典型历史事件。人物题材的网络游戏，可以有各种人物特征，让学习者在游戏的过程中学会分辨奸雄、了解是非，培养高尚的道德情操。学生在玩游戏的过程中，潜移默化地学到了许多知识，若教师和家长能适时地引导，效果可能比教师在课堂上煞费苦心的讲解好。其根本原因是，游戏的娱乐特性，为学生提供轻松愉悦环境的同时，调动了学生的积极性和学习动机，学生的学习不像课堂学习那样，处于一种被动的地位，而是一种主动地、积极地构建知识的过程，符合建构主义学习理论，有利于知识的积累。

（二）多样化的游戏种类，培养学生各种生存能力

众所周知，网络游戏种类繁多，而不同的游戏又凭借各自的特色占据着市场，保持着竞争力。而正是由于游戏种类琳琅满目，所以能够从不同的角度培养学生的技能。例如，益智类游戏能够促进学生思维能力的发展；棋牌类、运动类以及一些策略类的游戏，能够培养学生的反应力、注意力、观察力、感知力、想象力、判断力、决策力和记忆力。学生在玩游戏过程中，为了获得胜利，则不断地培养自身的各种能力，而各种能力的提高也提高了游戏的获胜率，这就形成了一个良性循环，游戏胜利与能力培养二者相得益彰，达到双赢状态，同时，也能够提高学生的自信心，使得他们敢于尝试各种新挑战。学生综合能力的提高有利于他们从整体上把握事物之间的联系，而这对学生思维方式和学习方式的提高是很有利的。

(三)游戏内容基于生活,培养学生积极向上的生活态度

网络游戏的内容基于生活,它来源于生活,又高于生活。网络游戏是网络社会的一个生活图景,它反映的是网络时代特定的生活场景和生活经验。教育也是源于生活,用于生活。因此,教育网络游戏与生活息息相关,它会融入青少年所熟悉的各种生活场景、生活元素和基本的生活经验,这有利于调动学生的积极性和主动性,激发学生的学习动力。同时,提高学生对生活的认知能力,培养学生积极向上的生活态度。那些融入传统文化的网络游戏,由于其本身含有的文化内涵,能够让学生了解到各种文化背景、历史渊源,能够更好地体验传统文化的博大精深并汲取文化的精髓,更好地培养学生的爱国热情。

(四)各种游戏角色的扮演,培养学生的生存适应能力

角色扮演类游戏是网络游戏中很受欢迎的一类游戏,玩家可以在游戏中扮演各种感兴趣的角色。通常情况下,在现实世界中我们没有办法随心所欲的扮演各种想要的角色,但在网络游戏中,玩家的体验范围可以从平民百姓到政府首脑,从土匪到警察,从乞丐到富翁,从学生到教授等。而学生在选择不同的角色扮演过程中,揣摩各种角色的性格特点,并能恰当的演绎其身份,以获得其他玩家的认可,保证游戏的正常运行。因此,学生在体验不同角色生活的同时,也是不断提高其生存适应能力的过程,同时也增加了其社会阅历,为以后的生存和发展积攒各类经验。

(五)网络游戏的规范性,培养学生的自我管理能力

网络游戏有一系列的规则或者规范,目的是为玩家设定参与游戏的基本要求和基本结构。若是想要游戏能够正常有序的进行,游戏玩家就必须遵守基本的游戏规则,否则,要么被其他玩家踢出局,要么影响其他玩家正常玩游戏。因此,网络游戏规范主要是约束游戏玩家的游戏行为,保证游戏能够公正、公平的运行。而为了能够正常的玩游戏,在游戏中确保位置并取得胜利,游戏玩家不得不自觉遵守规范并约束自己的游戏行为,很好地实现自我管理。久而久之,这种行为称为一种习惯,有利于培

养学生的自我管理能力。

（六）网络游戏的挑战性，能够激发学生的生活斗志

网络游戏的挑战性主要表现在网络游戏世界的复杂和未知，学生在游戏过程中，需要通过观察和判断，做出选择，所以每一步都关乎胜败，对于游戏玩家有着极高的挑战性。但也正是这种挑战性，它对学生有着极强的吸引力。为了获得游戏的胜利，在遇到困难和问题时，游戏玩家不得不想尽各种办法，克服困难、解决问题，出奇制胜。显然，这需要游戏玩家有着坚强的意志、惊人的毅力。青少年时期正处于求胜心理极强的时期，积极迎接挑战，克服困难，成为同伴膜拜的赢家是他们所期望的。因此，在具有挑战力的游戏面前，他们越挫越勇，不断激发他们克服困难的生活斗志，培养了其坚强的意志力。

（七）网络游戏的激励手段，能够增加学生的自信

网络游戏的另一个吸引玩家的方式是其激励手段。虽然很多游戏对玩家的激励手段都是虚拟的，但是，却可以让游戏玩家体验到现实环境中难以体验到的成功和鼓励。当然，为了提高学生的积极性，现在很多网络游戏都是以鼓励为主，惩罚较少。它的一般特点是：当游戏玩家做出正确的选择和行动时，往往会获得增加经验值或升级等奖励；相反，若游戏玩家做出错误的选择和行动时，往往也会有一定的提示或者其他的激励，尽可能不出现惩罚式的手段，以免学生灰心。该种激励手段虽然看似赏罚不分明，但却可以帮助学生正确积极地面对"失败"，摆脱各种外界压力，有利于学生自信心的培养，继续努力，争取下一次的成功。

（八）网络游戏的创造性特点，能够开发学生的创造能力

很多人认为，网络游戏只是程序代码累计而编织的虚拟世界，它是一个充满规则的世界，受到现实世界的约束，并没有太多的创造力。但事实并非如此，虽然网络游戏是由代码编织而成，但是开发者只是构造了其基本规则，并没有预设某一种固定的途径或结果。因而，游戏玩家对同一款

游戏可以选择多种玩法,也就是说游戏怎么玩是由玩家决定的。而游戏本身也是一个谜,即如何玩游戏才是一个最佳的选择并无定论。玩游戏的过程本身就是一种使创造实现的过程。网络游戏的显著特点是游戏玩家在不断演绎着自己的角色,创造着与其他玩家的关系。正是由于网络游戏本身具有不确定性、未知性的特点,这使得网络游戏无论对于其开发过程还是玩游戏过程来说都成为一个创造性的过程。因此,网络游戏本身就是一种充满创造力的活动,它对于培养学生的创造力有很大的帮助。

第四节　网络游戏学习案例

网络游戏相比于单机游戏而言,有着明显的优势,它通过互联网连接实现多人游戏互动。因此,利用网络游戏进行学习有其先进性。网络游戏诞生的使命是"通过互联网服务中的网络游戏服务,提升全球人类生活品质"。也就是说,网络游戏的诞生是为了丰富人类的生活品质,丰富人类的精神世界和物质世界,而不应该成为危害学生学习的罪魁祸首。以下三个案例提供的是积极利用网络游戏促进学习的案例。

案例三:
守住网游文学:从指尖游戏到心灵阅读

中国少年儿童新闻出版总社于2012年10月宣布,其出版的《植物大战僵尸》系列图书,在年初上市,发行量已突破500万册。在互联网时代,网络游戏对儿童教育问题所带来的冲击无疑是巨大的。那么,如何让孩子们不至于沉迷在游戏的虚拟世界?如何从游戏中受到教育?近年来,我国少儿出版界人士在此方面做出了尝试,他们与网络游戏合作,创作少儿网游图书,引领孩子完成从线上到线下、从游戏到阅读的转变。而网络游戏改编成少儿图书背后的关键秘诀又是什么?如何守住网游文学的道德底线与文化品质?

(一)从一味批评到关注研究:用高品质儿童文学改变网游

著名评论家王泉根表示,我们听惯了太多对动漫、卡通、网游的批评声音，诸如"低俗""类型化""浅阅读""市场炒作"……一味地批评、不屑一顾，自然容易做到，难得的是正视它们、关注它们、研究它们并改变它们，用儿童文学的高品质、真善美、精气神去改变动漫、卡通、网游。由于多种原因，儿童文学界以前对这些"跨学科、交叉性"的少儿文化产品，特别是儿童网游，关注不够。但最近几年，这种情况正在发生变化。

（二）具有互动娱乐与传阅效应：作品中更多融入正面价值观

据王泉根介绍，最先投入儿童网游创作的是南方的一批作家，如上海的周锐，江苏的苏梅、李志伟，安徽的伍美珍，他们签约的网游商家是上海淘米与童石公司。周锐执笔《功夫派》系列，苏梅执笔《小花仙》系列，李志伟执笔《赛尔号》系列，伍美珍执笔《惜呆兔咪》系列，此外还有北京的杨鹏执笔《精灵星球》系列。他们的作品不但给少年儿童的网络游戏带来互动娱乐的即时快乐，同时还以图书形式，为孩子们津津乐道与传阅，而且每个品种印量都很大，如伍美珍的《惜呆兔咪》系列首印即为20万册。儿童文学深度进军网游是在北京，其中的标志性产品是中国少年儿童出版社2012年1月出版的《植物大战僵尸·武器秘密故事》系列，作者包括金波、高洪波、葛冰、白冰、刘丙钧等著名儿童文学作家，其开发的《植物大战僵尸·武器秘密故事》12册，共48个故事。植物王国的玉米加农炮、豌豆射手、西瓜投手、带刺仙人掌、变身茄子、卷心菜投手、高坚果兵团、火爆辣椒等战士们，个个都有秘密武器与绝活，他们与僵尸斗智斗勇，纵横驰骋。或短兵相接，各出奇招；或攻其不备，突出奇兵；或围城打援，里应外合，而所有"战斗"都是儿童式的、好玩的。作为诗人的金波与高洪波，还在行文中不时出现儿歌味十足的语句，更增添了网游的风趣与快乐。优秀儿童文学作家直接参与创作，更多地在作品中融入了宽容、尊重、友谊、信任、爱心、为善等做人做事的正面价值观与行为方式。

（三）已经联手的网游与儿童文学案例

《赛尔号》《奥比岛》《摩尔庄园》《植物大战僵尸》《愤怒的小

鸟》等，以前只是网络游戏迷所熟知的东西，如今越来越为儿童文学作家所关注。

比如《愤怒的小鸟：捣蛋猪之蛋谱秘方》，充分利用了愤怒的小鸟游戏里面的人物形象（一只只愤怒的小鸟和它们的冤家对头捣蛋猪）和故事情节。捣蛋猪在游戏中是大反派，因为偷走鸟蛋而被小鸟们攻击，但它们与小鸟一样受大家欢迎。翻阅此书时就能感到，这是一部能够给人惊喜和快乐的食谱秘方。《魔法师库拉之书——摩尔庄园海妖宝藏》讲述摩尔庄园的海滨度假胜地——摩罗地海突然出现神秘海妖鱼，美丽的海水在一夜之间被红色海藻覆盖，失去了往日的安宁和祥和。与此同时，伟大的摩尔神柱再次显现出危机来临的信号。梦想成为大英雄的摩乐乐，在无意中发现一个惊天秘密。《赛尔号精灵传说2：寻找金色精灵》讲述了栖息在斯科尔星的小米隆经常听哈莫雷特说起金色精灵的故事，他从来没有看见过金色精灵长什么样，他很希望长大后可以前去寻找，但是在他身上还有一个秘密，就是他必须等到自己的主人出现才行。这些书籍在借助于游戏取得读者喜爱的基础之上，采用一系列有趣的故事继续吸引着读者，帮助读者更深层次的解读游戏的内涵[1]。

从案例三中可以看出，我们需要改变对网络游戏已有的消极印象，而且需要采取有效的策略积极地、正面地去面对网络游戏，尤其是想办法利用网络游戏促进青少年的学习。爱玩是青少年的天性，青少年时代是游戏的时代，游戏符合青少年成长特点，因此，正如中国青少年研究中心副主任、著名教育专家孙云晓所说，儿童时代是游戏的时代，游戏是儿童最迷恋的学习，尽管不同时代的儿童玩的游戏不同，但是，游戏永远是儿童最重要的精神成长途径和探索世界的方式。那么，如何去利用网络游戏促进青少年学习呢？此案例也给我们提供了一些启示：

---

① 佚名.守住网游文学：从指尖游戏到心灵阅读[EB/OL].(2012-09-17)[2013-02-11].http://www.newhua.com/2012/0917/177064.shtml.

第一,创作和阅读高品质网游文学。如果只是因为网络游戏具有操作性简单、娱乐性较强的特点而沉迷于网络游戏中,可能会导致青少年出现简单的机械反应,换句话说,网络游戏的这种特点可能导致青少年思考能力下降,情感表达缺乏等一系列问题的产生。但如果结合网络游戏互动性强、刺激、娱乐等特点,最主要的是受青少年喜爱这一有利因素,创作适合青少年成长需要的作品,在阅读中引导青少年形成正确的人生态度和价值观,是一种很好的方法。

正如孙云晓所说,他玩《植物大战僵尸》游戏和读《植物大战僵尸》系列图书的感觉是不一样的,评价也是不同的。他认为,就《植物大战僵尸》网络游戏本身而言,操作较为简单,互动性较强,游戏较为刺激,但这种游戏带来的简单的机械反应,是缺乏对儿童成长需要关照的体现。《植物大战僵尸》系列童话图书,则是适合儿童的作品,它能够从儿童的心态与视角看待问题,语言习惯是符合儿童语言特点和儿童情趣的,当然,它是由中国一流儿童文学家合力打造的。因此,网络游戏结合高品质的网游文学,有利于提高青少年的审美情趣和文学素养。

第二,在网游作品中融入更多的正面的价值观。网络游戏不能只是一味地追求经济效益,不管是非黑白,通过刺激暴力的视觉画面和武打动作来荼毒青少年的精神世界,而是应该多提供一些真善美,让青少年通过网络游戏树立正面的价值观。网游文学作品作为网络游戏的一种附属产业,它受欢迎是建立在与其相对应的网络游戏受追捧的基础之上的,它应该在保留原有故事情节的前提下,进行作品内涵的深化和升华,实现它该有的价值。因此,在网游作品中融入更多正面的价值观,对于网络游戏的发展乃至青少年的成长都起着至关重要的作用。

金波在《向日葵,喜洋洋》中写道:具有各种威力的植物在开始的时候是瞧不起向日葵的。因为,其他植物都有其核心竞争力,如樱桃炸弹可以炸掉僵尸,倭瓜可以压住僵尸,大嘴花可以吃掉僵尸,但向日葵却只会在阳光下跳舞。但是,就在大家与僵尸搏斗到关键时刻,即将败退无法坚持的时候,向日葵却为他们补充了能量。在向日葵的帮助下,大家终于打败了僵尸,大家开始纷纷赞扬向日葵。

显然,对于儿童而言,这种故事因情节简单有趣而很受欢迎,同时,它也培养了孩子如何以德报怨、如何团结合作、如何知错就改等优良品质。在故事中学习，要比单纯的讲道理效果好得多。

案例四：
"棋"开得胜：QQ游戏掀开象棋发展新篇章

中国象棋的网络化、市场化发展开始进入新的阶段。由QQ游戏主办的"天下棋弈之象棋盛典网络赛"由深圳盛大组织，这是国内象棋史上专业赛事首次试水网络平台，成为当时参与人数最多、规模最大的一次国棋赛事。国家体育总局棋牌运动管理中心副主任、中国棋院副院长陈泽兰，象棋特级大师许银川、吕钦、赵鑫鑫、唐丹，QQ游戏产品部产品总监闫敏等参与此项目。

（一）智力国粹，新形式

在文化学者、凤凰卫视策划人胡野秋"象棋盛典、文化传承"的评述中发布会正式开始；中国棋院副院长陈泽兰为QQ游戏颁发象棋盛典唯一网络赛认证；QQ游戏产品部产品总监闫敏为象棋大师许银川等大师颁发象棋文化传播大使聘书。由此，QQ游戏"天下棋弈之象棋盛典网络赛"正式打响。作为中国象棋史上奖金最高的网络赛，QQ游戏将提供18万元的奖金，冠军还将获得由中国棋院授予的"地方大师"称号。比赛中，象棋特级大师赵国荣、蒋川、赵鑫鑫、柳大华、单霞丽、洪智等将与广大网友在QQ游戏平台对弈。比赛分为线上预赛、线上复赛、现场决赛报名、现场64强决赛四个阶段。更值得一提的是，参加总决赛的选手还有机会在11月11日与象棋大师面对面进行"车轮战"，正如QQ游戏产品部产品总监闫敏所说，"这将是一场盛况空前的象棋盛宴"。

（二）专业赛事，新起点

作为兼具智慧和文化属性的运动，象棋自诞生之初就有"国粹"之名，而QQ游戏"天下棋弈之象棋盛典网络赛"集专业性、权威性和高端性于一身，在中国象棋的进程中具有里程碑式的价值,为象棋的发展注入了新的活力。

中国棋院副院长陈泽兰指出,"在互联网发展日新月异、生活节奏越来越快、商业化浪潮风起云涌的今天,传统的象棋也迎来了全新的发展契机,此次QQ游戏举办的象棋网络盛典就是一个很有力的推动"。同时,业内人士评价,QQ游戏之举既向受众展现了象棋深厚的文化底蕴,又突出了象棋与过往不一样的年轻时尚元素。

QQ游戏以此次象棋盛典网络赛为契机,推出国内专业的棋类赛事平台——"天下棋弈",意在以自身的平台优势、资源优势、市场运营优势,打造专业的网络棋类赛事,致力于推动棋类运动的多元化、高端化、专业化的市场发展路径,不断扩大棋类的影响力,让传统的棋类运动在市场化的社会中不断地扎根生叶[①]。

从案例四中可以看出,网络游戏是现实游戏的一种空间延伸,是在网络时代出现的新的游戏形式。在网络游戏中融入国粹精华,不仅有利于传统文化的传播,更有利于增加游戏者的爱国主义情怀。"棋开得胜"给我们的重要启示是:

第一,增加网络游戏的内涵。在游戏中融入更多的本土文化,可以是地方文化,也可以是中国传统文化。这样不至于游戏者在游戏过程中获得片刻快乐后便感到空虚,而是在游戏的过程中,不知不觉学会了很多知识,增加了知识的深度和广度,有利于其生活质量和文化素养的提高。

第二,网络游戏比赛的专业性。完善游戏比赛规则,邀请专业人士参赛监督和指导,让网络游戏专业化和正规化。这样,充分利用网络平台优势、资源优势以及市场运营优势,促进各类游戏往多元化和高端化发展。

有老师对学生说:"你能把网络游戏玩得那么漂亮,那么娴熟,说明你很聪明;你能在网吧里一待那么长时间,说明你是个有毅力的人。你的聪明和毅力如果能用到学习上,我敢说没有克服不了的困难。"

[①] 佚名."棋"开得胜:QQ游戏掀开象棋发展新篇章[EB/OL].(2012-09-11)[2013-02-11].http://www.chinadaily.com.cn/micro-reading/dzh/2012-09-11/content_6979859.html.

案例五:

四款网络游戏学习英语

随着开放程度的不断提高,以及海内外交流的日益加深,英语成了一件必不可少的语言工具。因此,英语学习自然而然也就成了青少年的重任。为了让自己的孩子学好英语,家长们可谓是煞费苦心,除了完成学校所布置的听说读写各项功课,还要参加各种校内外的补习班。不过,大多数的青少年对待枯燥的英语学习,其态度是被动的。于是,为了提升青少年学习英语的兴趣,增强英语学习的效果,英语教学游戏软件诞生了。《幻境游学》《神镜传说》《唯智学园》和《乌龙学院》可以说是这类软件中的代表作。虽然这4款游戏都是以"兴趣点转移理论"作为自己的设计理念,但是究竟哪款产品的效果更好呢?我们不妨让他们相互PK下。

首先来看《幻境游学》(如图4-5)。这是一款集众多小游戏于一体的英语学习游戏合集。通过不同的小游戏,加强对字母和单词的记忆。从游戏本身的内涵来看,针对的主要是英语的初学者,而且训练的内容也比较单一,仅仅局限于字母和单词。因此,《幻境游学》更适合作为一款提高英语初学者兴趣的入门级学习软件。

图4-5 《幻境游学》游戏界面

难度覆盖:★

游戏内容:★

游戏乐趣:★★

应试程度:★

互动指数:★

综合评定:★

接下来,我们看《神镜传说》(如图4-6)。这是一款以南宋时期岳飞抗金为背景的RPG游戏。玩家可以在游戏中扮演任意的角色,并完成最终的剧情任务。其游戏性比《幻境游学》要强很多,但是在英语学习方面,仍然仅仅是局限在单词背诵方面。这样,就造成了《神镜传说》的英语学习元素和游戏元素相比较,显得有些单薄。

图4-6 《神镜传说》游戏界面

难度覆盖:★

游戏内容:★★★

游戏乐趣:★★★

应试程度:★

互动指数:★

综合评定:★★

然后来看《唯智学园》(如图4-7)。和前两款产品相比较,该产品没有把英语学习的内容局限在单词学习方面,而是以英语学习的另一个重点——口语作为自己的重点,这可以说是《唯智学园》区别于前两款游戏的最大特点。另外,《唯智学园》的游戏内容也更加丰富,由于《唯智学园》建立在网络平台上,用户之间的交流和互动也得到了充分的加强,给了用户一个良好的练习口语的网络环境。不过,《唯智学园》的缺点也相当的明显——只能练习口语。短句、语法、阅读等英语学习的其他重点,都没有覆盖到。而且,这是一款只针对儿童的口语平台,年纪稍大一点的学生,不大适合这样的环境。

图4-7 《唯智学园》游戏界面

难度覆盖:★★

游戏内容:★★★★

游戏乐趣:★★★★

应试程度:★

互动指数:★★★★

综合评定:★★★

最后来看下《乌龙学院》(如图4-8)。同样是建立在网络互动平台上的英语教学游戏,《乌龙学院》的英语学习内容比《唯智学园》丰富了不少。首先,《乌龙学院》的英语学习内容不仅仅是单词和口语,而是包含了单词、语法、阅读、听力和口语等英语学习的所有要点。另外,《乌龙学院》的英语学习难度,从小学一直覆盖到大学四六级。更为重要的是，《乌龙学院》的英语教学内容从应试角度出发，紧扣了教学大纲，是一款绝佳的英语学习辅导软件。而且，《乌龙学院》丰富的游戏内容，能长时间地保持学生对英语学习的热情，学习效果自然不言而喻。当然，《乌龙学院》也有一些不足的地方，譬如目前还没有将雅思和托福的学习内容加入到学习平台中去。

图4-8　《乌龙学院》游戏界面

难度覆盖：★★★★★

游戏内容：★★★★

游戏乐趣：★★★★

应试程度：★★★★★

互动指数：★★★★★

综合评定：★★★★★

以上四款英语教学游戏可以说是各有特点，只要适合自己的，就是最好的。如何选择，就得根据自己的实际情况了①。

---

① 佚名.4款网络游戏学习英语 哪款才最贴心[EB/OL].（2009-08-19）[2013-02-11].http://xin.178.com/200908/44652715968.html.

案例五主要介绍了四款常用的较为典型的学习英语的游戏软件，并结合一定的评价指标，如难度覆盖、游戏内容、游戏乐趣、应试程度、互动指数以及综合评定，目的是让游戏者或者教师和家长能够根据实际情况作出明智的选择，从而有针对性地提高孩子的英语水平。此案例给我们的重要启发是：

第一，紧跟网络时代潮流，改变传统网络观念。教师和家长不能全盘否定游戏的教育价值，而是应该选择积极地面对。顺应孩子爱玩游戏的天性，选择有教育价值的游戏，引导孩子在娱乐中学习，真正做到"寓教于乐、润物无声"的效果。当然，这要求教师和家长有较强的责任心，需要花费更多的时间去了解孩子的兴趣、学习水平，发掘各类网络游戏的教育价值，将三者统一协调、综合调度，做出最优方案。

第二，放长眼光，注重网络游戏学习的可持续发展。教师和家长需要放长眼光，遵循由易到难，深入浅出的原则。在顺应孩子天性的同时，能够制定一系列长远的目标规划，而且目标要细致以保证训练的系统性和可持续性。这样，不至于让孩子在刚对一款游戏感兴趣时，又被迫去玩另一款，因而产生一些叛逆情绪，不利于其发展。在英语初学阶段，我们可以让孩子先接触较为简单的游戏，如《幻境游学》或《神镜传说》等，提供多种游戏，让孩子选择其感兴趣的，然后在孩子学得差不多的时候，再稍加难度，选择其他的游戏，如《乌龙学院》等。

总之，孩子在学习的过程中，教师和家长既要提供给孩子丰富的游戏资源，又要保证这些游戏是高质量且有教育价值的。另外，还要注意随着游戏内容的变换，孩子学习的知识内容要越来越丰富，孩子的学习能力也越来越强。

小　结

本章主要说明网络游戏的分类、特点，对青少年思想观念和行为习惯的改变，以及运用网络游戏的理论基础与基本方法。数字移民总是不能理解数字土著怎么那么沉迷于网络游戏中，数字土著从小着迷《魔兽》《传奇》《CS》等游戏，我们更喜欢这种"寓教于乐"的学习方式，游戏也是一种生活。比如一些学习英语单词、熟悉键盘的游戏，在游戏中认识单词、熟悉键盘。任何诋毁网络的话，都会深深伤害数字土著的感情，就像有人辱骂其家乡一样的难以接受——因为这是其"土生土长"的一个环境——势必激起青春期孩子们的反抗情绪。以网络游戏《魔兽世界》为背景编辑而成的视频《网瘾之争》，就集中反映了数字土著对"网瘾"论调的强烈愤慨。在2009年的中国网络上，该视频的点击率远高于当年的好莱坞大片《阿凡达》。引用《网瘾之争》里的一段话，来表达孩子们对网络空间的感情："没错，我们沉迷了。可我们沉迷的不是游戏，而是游戏给我们的那种归属感，我们沉迷的是这四年来的朋友和感情，是这四年来的眷恋和寄托！"

思考题

1.网络游戏的发展经历了哪些阶段？

2.网络游戏有何优势与弊端？

3.如何理解"网络游戏开启第二人生"？

4.举例说明网络游戏如何提供最优经验与心流状态？

5.举例说明如何更好地将网络游戏运用到教育中？

第五章　网络社交：在线相处之道

网络时代，网络社交势不可挡，它是传统社交空间和时间的延伸。网络社交正在改变着我们的相处之道。那么，什么是网络社交？网络社交与传统社交有什么区别呢？在这里，我们先举一个简单的例子，看一看网络社交存在的影响。据《多伦多明星报》报道，加拿大安大略大学的一名学生在她的硕士论文《没那么简单：情侣分手后在社交媒体上的表现》研究中发现：大约有88%的人会在流行的社交媒体上继续关注前任对象的动态。同时，研究还发现失恋的人通常会借助各种方式关注或监视前任对象，比如借用朋友的账号。同时，他们会选择删掉那些载有美好记忆的旧照片，有时还会重读以前交往时写的日记，有很多人会及时密切关注前任与他的下一任的发展动态。这个研究看似简单，仅仅是研究了情侣分手后在社交网络中的表现，但它也揭示了更深层的内涵——网络社交开始影响到我们生活的方方面面，不仅仅是学习、工作，更是日常生活。

第一节　网络社交与社交网络

网络社交与社交网络是两个不同的概念，但社交网络的渊源则是网络社交。从E-mail、BBS、Blog到各种社交网站等，网络社交的方式日趋多样化，网络社交的工具日趋增多，社交网络也日趋复杂化。互联网上，百度贴吧、天涯来吧、搜狗说吧等社区贴吧现在并不稀奇，开心网、人人网等社交网站，新浪博客、网易微博等更是应有尽有，网络社交已是互联网的主流应用，未来的发展更是一片光明，若能集合其他功能，它也许会取代搜索引擎成为集新闻、娱乐、搜索和互动功能的互联网入口。

一、网络社交的内涵

网络社交的最初起点应该是E-mail,即电子邮件。互联网在本质上就是各个计算机之间的联网,最初,E-mail的出现很好地解决了远程邮件传输的问题,实现了点对点的传输。当然,至今E-mail仍然是互联网上大家所喜爱的信息传递方式。在BBS出现后,它进一步推动了网络社交的发展,改变了以往邮件"点对点"的传播方式,而发展成"点对面"的传播方式,是一种极大的进步,它将电子邮件"群发"和"转发"的专业化方式进行了平民化处理,实现了在线交流功能,即可以随时向网民发布信息,并允许访问者参与话题讨论,当然,一般的BBS还是有访问数量控制的。随后发展起来的博客(Blog),更促进了网络社交的进一步发展,博客的信息发布节点开始体现越来越强的个体意识,开始它可以聚合时间维度上的分散信息,进而成为信息发布节点的"形象"和"性格"。比如RSS、You-Tube、Twitter、Fexion、Video-mail都改进了单一功能,成为丰富网络社交的好工具。

网络社交现在已经成为我们生活的一部分,它开始对人们的信息获取、展现自我、生活思考和工作感悟产生很大的影响,给人们的生活带来很大的便利。但与此同时,网络社交也带来了很多的弊端,如由于个人信息的公开导致的信息泄露而引发的一系列问题。特别对青少年而言,他们的自我保护意识很弱,又是网络社交的重要人群,他们极其青睐于各种网络社交手段,容易受到影响。

据相关研究显示,"一个社区账号可以是萌生浪漫的地方,也可以是发生冲突的舞台。在过去,谈话的中介是信件、电话或手机;现在,所有的互联网用户都能接触到更广阔的网络用户。在这个新的环境里,关于行为和礼貌的社会规则仍然在形成中"。根据这个结论,我们可以知道,目前,网络社交工具的变化也引发了新的社会行为和社会关系。网络社交的社会行为和社会关系还没有成型,故并没有很好的规范制约。因此,青少年在网络社交中若不能很好地及时地被引导,很有可能走向违背道德、违背法律的道路。同时,由于网络社交圈子的增大,网络用户鱼龙混杂,青少年不能很好地辨别是非,容易被其他人利用,这也加大了青少年违法犯罪的概率。

调查还显示,超过22%的青少年的在线行为最终使他们与某个人的友谊结束;25%的青少年在社交网络上的行为最终导致了面对面的争吵或对抗;13%的青少年在社交网络上有对抗之后,第二天去学校会感觉紧张,同样有13%的青少年因此与父母产生了问题;8%的青少年因为社交网络上的事情最终与他人产生了身体对抗,其中6%的人因此在学校遇到了麻烦。这明显显示了网络社交给青少年带来的负面影响。青少年网络社交主要是处理各种人际关系,如朋友关系、父母关系,但在处理这些关系的时候,他们没有选择好好的面对,而是采用消极的争吵、对抗,甚至是冲突。这表明了青少年在网络社交中没有足够的能力处理好各种关系,这也显示了其情感发展不成熟的一面。但也不可忽略另外一个问题的存在,那就是这种现象已经开始影响着青少年的正常发展或者正常生活。

联盾护航360调查发现,70%的未成年人觉得网上聊天比面对面交谈让自己更加轻松自在,69%的未成年人强调网络社交能结交到志同道合的朋友。这一报告结果表明,青少年对网络社交的依赖程度很高。网络社交开始在青少年的社交中占据了重要的位置,展现着其独有的魅力。正如高晓松所说:"在社交网络上我关注的都是一些我觉得新鲜的、好玩的事和人。你花了大量的时间跟各种陌生人接触,发现有趣的新鲜事;和老朋友相处,比如说我,微博连老朋友都没关注,反而还是喜欢面对面和他们一起聊天,其实按说应该见面的次数越来越多。"

无论网络社交有多大的优势,它始终是一种虚拟生活的代表,它无法代替传统的面对面的交往。青少年可以利用网络社交去接触一些新鲜的、好玩的事情,作为扩大知识面和打发无聊时间的方式,但是不能因此减少跟老朋友见面聊天的机会,因为传统的见见面、说说话、逛逛街等,会让我们的生活变得更加充实、更加丰富多彩。

二、社交网络的内涵

网络社交是社交网络的渊源,即社交网络是网络社交发展到一定阶段的必然产物。随着网络社交的逐渐演进,现实中,个人的社交需求越来越大,个人的社交圈子也在不断地发生变化。在这种情况下,逐渐地形成大规模以网络为联系纽带的人与人进行互动的网络，我们就称之为社交网络。那么什么是社交网络呢？

社交网络一词是一个舶来品，它源自英文Social Network Service，简称SNS，直译为社会化网络服务，但在国内一般翻译为社交网络服务。通常我们所说的社交网络一般由四个部分组成：硬件、软件、服务及应用。但人们习惯上用社交网络来代指SNS。

交友只是社交网络的一个开端，它的目的也很简单——只是获取个人资料和好友列表。但是交友绝对不是社交网站的终极目的。社交网站适用于生活中的方方面面，是模拟现实生活中人与人交往的模式。目的是将用户线下生活更完整的信息流转移到线上进行低成本管理，而这种发展模式也让虚拟社交越来越流行。

社交网络的发展主要经历以下四个阶段：

第一阶段：早期概念化阶段——Sixdegrees代表的六度分隔理论；

第二阶段：结交陌生人阶段——Friendster帮你建立弱关系，从而带来更高社会资本的理论；

第三阶段：娱乐化阶段——Myspace创造的丰富的多媒体个性化空间吸引注意力的理论；

第四阶段：社交图阶段——Facebook复制线下真实人际网络来到线上低成本管理的理论。

现阶段社交网络主要存在以下几个问题：

（1）同化现象严重，缺乏创新；

（2）市场运营不成熟，缺乏有力的投资，无法打造适合中国市场的社交网络系统；

（3）社交网站呈现集中化，腾讯、人人网、开心网、豆瓣占据了大部分市场。

社交网络在人们的生活中扮演着重要的角色，它已成为人们生活的一部分，并对人们的信息获得、思考和生活产生不可低估的影响。社交网络成为人们获取信息、展现自我、营销推广的窗口，但与此同时，社交网络也存在着一些弊端，包括个人信息的泄露等。尤其是青少年，他们处在社交网络的前端，同时也是受其影响最深的。

三、网络社交的影响

在网络发达、信息爆炸的今天,网络社交已逐渐成为大众沟通的主要途径之一,我们即使相隔千山万水,也可以通过便捷的社交工具迅速获得朋友的最新动态。它在某种程度上似乎缩短了人与人之间的距离——能够帮我们随时关注我们想关注的人和想了解的事情。

例如,有人认为,"在微博上,140字的限制将平民和莎士比亚拉到了同一水平线上"。微博的出现,给多数人提供了创作的平台,也提供了创作的机会。在这样一个可以展示自我的舞台上,爆发出了大量优秀的短小精悍的原创文章。微博的优势体现在微博客上,微博个人形成一个"自媒体",每个人的身份都是双重的,在作为信息生产者的同时,还是信息消费者。

Twitter的存在,带来了一个"人人都能发声,人人都可能被关注的时代"。Twitter创始人之一埃文·威廉姆斯说:"即使是再庞大的新闻媒体,也不会像Twitter一样在世界各地拥有众多新闻记者。"2008年5月12日,Twitter在约14时35分33秒披露了汶川大地震这一震撼性的消息,发布信息极为快速、及时,超越了传统媒体;2009年6月13日,德黑兰在大选后的骚乱消息在Twitter上大范围传播,Twitter成为伊朗人满足信息渴望和对外发声的替代网络。

但是,有时候我们又不得不思考,网络社交是否百利而无一害呢? 高晓松曾经在参加一档节目采访时,感慨道:社交网络亲近了陌生人,疏远了老朋友。而网络视频"在线社交动物进化史",虽极具搞笑特质,但也不得不引人深思,思考这幽默背后蕴藏的危机。该视频的出现并非是无病呻吟,而是反映一种社会现象。著名心理学家夏东豪提出的"在线社交疏离症",其主要针对的现象就是类似于该视频中的"社交动物"一族。夏东豪认为:患有"在线社交疏离症"的人与现实社会脱离,不参加现实的社交活动,自我疏远、自我隔离、自我封闭,不屑于也不想与外界做面对面沟通,常常沉溺于网络上。事实上,此种现象应该引起我们的关注。想当初微博上就流传过"你是第几级在线社交动物"的调查,将具有"每天至少更新一条状态,经常上传照片,没网的时候会出现焦虑不安的症状、早晨起床就打开手机"等特征的人分别定义为不同等级的"在线社交动物"，引起了很多人的关注。那么，这种带有搞笑和讽刺性的调查给我们带来的思考是：网络社交是否让我们很充实？还是网络社交让我们越来越封闭？或者是网络社交是否让我们的生活越来越丰富？复杂的网络社交是促进了传统社交还是阻碍了传统社交呢？

这一系列的问题，可以从中国互联网络信息中心发布的《第29次中国互联网络发展状况统计报告》中找到答案，其研究结果显示，在接受调查的全国31个省（区、市）的16 491人中，60.9%的人觉得网络让日常生活中的亲情、友情和爱情都变淡了，57.3%的人觉得整天泡在网上让人"更孤独"，34.4%的人坦言自己就有"网络孤独症"。

因此，这不得不给我们敲响警钟：沉迷于网络社交会让人产生孤独感和空虚感，导致人际关系的疏离，甚至是亲情、友情、爱情的丧失，严重的脱离社会群体，不能适应正常的社会生活。尤其是青少年，处在心智发展的重要阶段，切不能沉迷于网络交往，忽视现实交往的重要性。网络交往只是传统交往的一种手段，绝不能代替传统交往。因为网络交往不能很好地满足人类的精神深层次的需求，只有面对面的交往才能实现真实的情感互动和正面积极向上的情感力量。所以，青少年在网上社交娱乐的同时，不能忽视了与同伴朋友之间的现实切磋和互动。

第二节　如何让社交网络中的人推介你

私人介绍很重要，在现实中我们经常遇到：比如说，好朋友将他的好朋友介绍给我们，我们也容易成为好朋友；比如说，一个极具威望的人向一个企业介绍一个"爱将"，企业会很乐于接受等。在传统的交往中，一般都通过面对面的交流，或者写纸质"推荐信"，后来采用打电话、写邮件等方式。在社交网络中，人与人之间的关系较为复杂。传统交往或者介绍一般发生于相互比较熟悉、了解的人们之间，而在社交网络中很多时候面对的是陌生人，那么，如何让社交网络中的人推介你呢？这便成了一个很重要的问题。

一、推 介

"如何让社交网络中的人推介你",我们必须弄明白什么是推介,即"推介"的内涵,在此之前,先引入一个案例:

案例一:

企业如何利用社交网络招聘

社交网络招聘已经成为全球企业人力资源管理者不得不面对的全新课题。那么,企业怎样利用社交网络实现高效招聘?

9月19日,甲骨文宣布收购一家基于云的人才招聘应用供应商 Select Minds,未来甲骨文可使用 Select Minds 的服务在 Facebook 等社交网络上招募员工。这一交易再一次引起了人们对社交网络招聘的兴趣。

目前,全球有数亿人在社交媒体上停留。社交网络已经成为一个强有力的扩音器。以 Facebook 的用户为例,平均每个 Facebook 用户拥有130个朋友,Twitter 则为127个左右。换言之,一个极小的点可以波及很大的面。轻敲几下键盘,就可以在圈组内达到一传十、十传百、百传千的效果。如果100个员工或招聘人员转发公司的职位信息,这些信息到达的范围是13 000个社交网络用户!这是一个何等惊人的数据!

正是看到了这一无与伦比的扩散能力,多数企业都积极参与使用社交网络。财富100强中超过一半的企业拥有 Twitter 的账号,有63个正积极利用 Twitter 来强化雇主品牌。来自 Career Enlightenment 的信息显示,有89%的企业会通过社交网络来招聘,和2010年相比,上升了6%;65%的企业能成功运用社交网络招聘到合适的员工;三分之一的雇主拒绝了候选人是因为他们在社交网络上发现了这些人有一些"不检点"的言行。另一方面,转移招聘预算透露出一个明确的趋势:在与社交网络招聘的比拼中,红火了10年的传统网络招聘优势正在逐步消失!

显然,社交网络招聘已经成为全球企业人力资源管理者不得不面对的全新课题。那么，企业怎样利用社交网络实现高效招聘？

首先，了解社交网络招聘。招聘经理的首要任务是到处寻找最符合资格、目标人才聚集的网站。目前，人力资源已经将职业社交网站纳入选择范围，即使用社交网络作为工具与渠道，通过会员在社交平台上的相互推荐进行候选人的初步甄选。以颇受职场精英欢迎的红桃网为例，红桃网的注册会员超过800万人，是一个来自全球各行业的专业人士的职业社交网络交流圈。企业可以在这里推荐介绍、与圈中人合作找到企业需要的人才。也就是说，红桃网既是一个庞大的工作职位公示板，也是企业互动式寻找专业人士的渠道。

红桃网CEO徐凯祥介绍，社交网络招聘的最大优势在于，挂出的职位会引起职业社交网站上注册会员的注意。他们或是自己直接应聘，或是把自己身边合适的人才推荐应聘。相比传统招聘网站的单向信息传递，这种通过个人社交网络扩散和传播招聘信息的幅度更大，也更精准。"特别是企业挂出职位悬赏金鼓励推荐的话，会得到更多会员的青睐，推荐效果更佳。"徐凯祥说。

徐凯祥解释说，通过员工推荐招聘员工的方式已经受到企业的广泛认可，一直是发现人才的最有效方式和渠道。同时，利用社交网络关系招聘人员可以提高招聘效率、实现招聘的无缝化，有助于企业找到更优秀的候选人。红桃网的招聘解决方案就是基于这一理念而搭建的，将员工推荐搬到职业社交平台上，实现了推荐源的扩大化，帮助企业更为高效地招聘和管理人才。

在红桃网上，HR可以和之前认识的职业人士（前同事、客户、同学、朋友）建立联系，也可以加入到一些圈子中（在这些圈子里可能会联系上潜在候选人）。这样，除了HR本人可以通过自己的社交网络扩散招聘信息，也可通过自己在职业社交平台上的人脉关系网扩散招聘信息，并发动他们应聘或推荐。"企业发布职位后，收到的简历是推荐过来的，无论是精准性还是快捷性,都比传统的网络招聘渠道要高。"徐凯祥说。

其次,善用社交网络招聘。虽然社交网络可以大幅减轻招聘压力,但徐凯祥提醒招聘经理,要对社交网络招聘做充足的功课,对这个新生的招聘渠道如何转化为专业人才的供应商有一个清楚的了解与认识。

徐凯祥提醒说,职业社交平台的特点是开放性与互动性,使用这个渠道招聘人才时,企业HR必须快速反应和决策。因为,与电话、电子邮件等传统沟通方式相比,社交网络等即时的信息沟通方式的反应要快速很多,很容易产生共振式的反应,这要求企业的决策速度也要跟上来。例如,传统网络招聘的简历投送、筛选等需要的过程、时间相对较长,无论是招聘方还是求职方,都有这方面的心理准备。但社交网络招聘压缩了这些过程与时间,推荐提高了效率,企业决策必须相应提升。

另外,徐凯祥解释说,社交网络招聘作为新兴的招聘渠道,扩大了候选人的甄选范围,也完成了一部分前期的背景调查。但企业必须确保一个前提,即原有的正式面试流程不变。企业不能单纯地认为,社交网络上的推荐沟通、了解可以代替正式面谈。

不论如何,企业巧妙地使用社交网络,不仅可以帮助企业高效优化资源,还可以使企业招聘到更多合适的人才[①]。

此报道主要内容是讲解了利用社交网站实现高效招聘,大幅减轻就业压力。其中"推介"是一个重要的环节,而且是一个重要的因素,正如徐凯祥所说"社交网络招聘的最大优势在于,挂出的职位会引起职业社交网站上注册会员的注意"这一特点,注册会员注意后就会看自己是否适合这一职位。对于应聘者而言,如果不适合他而适合你,你如何让他在第一时间将这个信息介绍给你。对于公司而言,则如何让看到招聘信息的他把招聘信息传送到更多的相关招聘者那里,扩大选择几率,获得最优人才。

---

① 佚名.企业怎样运用社交网络招聘? [EB/OL].(2012-09-24)[2013-04-08].http://www.cnii. com.cn/icp/content/2012-09/24/content_1009111.htm.

同时，徐凯祥解释说，通过员工推荐员工的这种招聘方式已经受到企业的广泛认可，一直是发现人才最有效的方式和渠道。所以，企业通过和之前认识的职业人士（前同事、客户、同学、朋友）建立联系，也可以加入到一些圈子中（在这些圈子里可能会联系上潜在候选人）。这样，除了HR本人可以通过自己的社交网络扩散招聘信息，也可通过自己在职业社交平台上的人脉关系网扩散招聘信息，并发动他们应聘或推荐。"企业发布职位后，收到的简历是推荐过来的，无论是精准性还是快捷性，都比传统的网络招聘渠道要高。"而对于个人招聘者，如果能够及时获得社交网络中人的"推介"，那么，他会在第一时间获得招聘信息，同时，也容易拿下工作岗位，是一个双向互利的事情。

"推介"对应的英文词汇是"Promotion"，那么，它便有了"推荐介绍"的含义，它不同于"推荐"，"推荐"一般是指把好的人或者事物向人或组织介绍，希望被任用或者是接受。"推荐"只是给人一个美好的愿望，愿望可以继续推进，也可能毫无音讯。

"推介"则含有推荐和介绍的意思。也就是说，"推荐"是"推介"的第一步，接下来的第二步"介绍"则是决定你愿望是否成真的关键一步。"推介"中除了常见的推荐信息外，还可以获得通过其他人了解到的信息。

另外，"推荐"一般是单方面的引导，而"推介"则是双方面的介绍，实际上在见面之前，双方通过推介的第三方已经对对方的情况都十分了解，对于需要解决的问题以及问题能够解决的程度都掌握了一个大体的状况。

同时，由于是"熟人"推介，现实中，若这个"熟人"信誉度较高，那么，"推介"后的见面只是为了获得当面的认可，事实上就没有那么多复杂的情况，仅仅是一个"确认"环节。这也可以理解案例中公司以社交网络为平台，通过各种奖励手段鼓励"熟人介绍"以此获得人才引进渠道的原因了。

通过对"推介"含义的介绍我们可以得出，推介的最主要的一个因素是起着推介桥梁作用的第三人，也就是我们经常所说的那个"熟人"。而若想"推介"成功，这个"熟人"一般具有这样的特点：

第一，德高望重。"熟人"必须有一定的影响力，至少其诚信度、责任心、工作能力、身份地位等重要身份信息是能够得到需要"推介"双方所信任和认可的,而并不是随便一个"熟人"就可以做好"推介"的。

第二,需要对双方的情况都比较了解。"熟人"必须对需要"推介"的双方的基本信息和基本能力有所了解,能够清楚一方的业务要求和基本需求,同时清楚另一方的个人工作能力。

二、推介的技巧

"推介"艺术一个重要的途径是通过"熟人的熟人"来进行网络社交的拓展,网络社交相比于传统社交的一个显著的特点是许多朋友是现实中不认识的人,但认识的方法却可以模仿现实中人与人交往的渠道。那么,如何让社交网络中的人推介你呢? 一般而言,需要先确定目标好友。

(一)确定目标好友

"好友圈子"对一个人的成长和发展至关重要,特别对于"推介"来说。网络推介想要达到最佳的效果,最基本的问题是找对人群。所以,若是要想在网络社交中达到理想的效果,就需要理清网络中哪些人是合适的好友或者潜在的好友。而在寻找好友的过程也是有技巧的,一般需要找目标人群中知名度较高,比较有影响力的人。这样才能将传播效果达到最大化。确定目标好友一般有三种途径:

第一,朋友介绍。先找群组,关键是定准目标人群,较好的目标人群一般是那些圈内人脉非常广的人,然后顺藤摸瓜,一层一层地访问下去,直到找到合适的人选。目标群组定位越准确,找到合适的人员的效率就越高。

第二,充分利用搜索功能。有些时候,我们并不一定会那么幸运,也许我们在找人的过程中,可能并没有出现那样一个"推介",那么此时我们可能需要改变策略。比如说我们要找"驴友",具体的操作方法如下:首先,我们先确定国内最有名的旅游院校和旅游网站以及旅行社等,然后在社交网络的搜索好友中,针对这些院校、网站和旅行社进行搜索。这样就可以找到相关的圈子,缩小搜索范围。

第三,让别人主动找你。一般情况下,主动搜索可以有更多的选择余地,但采取一定的方式,让感兴趣的人主动上门来找你也是一种不错的选择方法,既省时省力又较有针对性。具体操作方法如下:还是以我们要寻找"驴友"来举例,那我们就可以去注册一个"驴友"的ID,然后经常发布旅游信息,活跃在整个圈子里,便会有人参与其中。

(二)推介方法

常见的推介自身的方法有以下几个:设置个性头像、完善个人资料、增加投票量、扩展朋友圈子(群)。具体的方法如下:

第一,设置个性头像。在网络社交过程中,个性的头像还是很重要的,这容易吸引访问者的目光。在SNS中,一般提倡的是实名制,这样才会让访客感觉到你的诚意,所以上传真实的照片作为头像可能会在无意之间拉近与访问者的距离。在此基础上,融入适当的广告宣传语或是链接,能够达到很好的推介效果。当然个性头像的种类有很多,比如常见的有气质型头像、梦幻型头像等都是社交网络中较受欢迎的头像类型。但无论如何,网络社交中,"头像"出众会给个人加很多分。

第二,完善个人资料。在网络社交中,一般都涉及个人资料的填写,而且在社交网络中,完善个人资料是很重要的一步。毕竟,网络是虚拟的,若想获得更深入的交往,还是需要通过最新个人资料来相互认识。因此,个人资料越详细,访问者就会越想了解你,同时成为好友的可能性就越大,混入某个圈子会相对简单些。若是想要获得更多的推介,那么就需要最大化的结交各种朋友。记住:一定要将用于宣传的个人资料设置成所有人可见,同时还要将其放置到个人首页很显眼的位置。

第三,增加投票量。现在社交网络中经常会出现"投票"内容,"投票"很简单,"发起投票"也很简单。其实众所周知,现在网上随便的一个投票都会有众多感兴趣的人参与。因此,可以借用"投票"这一形式,加强个人的宣传力度。"投票"的形式已经受到了用户的认可和推崇,因此,若把业务或者个人推介与投票内容有机结合,能够挖掘潜在的客户团体,增加选择的范围,得到丰厚的回报。

第四,扩展朋友圈子(群)。网络社交中,朋友圈子的建立很重要。因为,在网络上认识的人员较为复杂,可能是国内的也可能是国外的,可能是科研工作者也可能是律师,可能是教师也可能是学生。因此,将朋友按照某个主题进行分类。然后不断往群里分享好的资源,增加各个群组的活跃度,也是推介和获得推介的一个很好的方法。

(三)推介的三个步骤

总体而言,推介的技巧主要包含三个步骤:

第一步:需要推介你的人(我们在此称为A)发现了某个人(我们在此称为B),这个人有一些问题需要请求外在的人员帮助解决,而此时,这些问题又有人(我们在此称为C)又恰巧可以很好地解决。显然,"推介"的过程涉及三个人A、B、C,其中A是一个关键性的人物,他是连接B和C的一个桥梁。A在B那里需要弄清楚B存在哪些问题,需要什么样的人可以解决;A在C那里需要弄清楚的是C所具备的能力是否能够充分解决B目前存在的问题。同时,A在B和C的心中应该是具有一定影响力的人。

第二步:推介人A与潜在的客户B进行交谈,让潜在的客户对C产生浓厚的兴趣,找合适的时间和C交流。在第一步完成之后,A的桥梁作用开始发挥关键作用了。A开始向B充分介绍C的情况,重点介绍C对其问题解决有着足够的能力。这样,B会对C产生浓厚的兴趣,同时,鉴于B对A的足够信任,B会选择找到合适的时间与C进行交流。在整个的第二步中,主要的是A和B的交往,而C只是处在一个被推荐和被等待的角色。

第三步:潜在客户期待着电话。在第二步完成之后,基本上整个推介过程就已经接近尾声了。此时,A基本已经退出了"推介"的过程。B和C开始正式见面,这种见面和正规的面试流程还是不同的。此次见面,需要C跟B打电话,然后就工作的细节问题再深入地谈一谈,较为轻松。因为此时双方都比较了解对方的实际情况以及对方的需求,无需再赘言。

当然,无论如何,推介的基础是"人",认识的人越多,圈子越大,通常获得的机会也就越多。那么如何在网络中认识更多的人呢,可以从以下几个方面入手:

第一,多加好友。在社交网络中,多关注好友,手要勤快,对感兴趣的朋友要动手加其为好友。同时,多加群里的活跃人物,一般活跃人物容易成为舆论领袖,无意间增加了宣传力度。另外,多加一些有影响力的人士,凭借他们的知名度,获取更多的朋友资源,能够达到事半功倍的效果。

第二,经常去别人的空间看看,关注好友的最新动态,同时,关注好友的好友的动态,若有适合自己的好友,那么也可以就地取材,收为己用。这样,由于有共同的"熟人",相处起来更加容易。

第三,为了让大家记住你,在去别人的空间时,要想办法多留下自己的痕迹。比如,对朋友的话题进行留言,发表个人看法;分享朋友的文章或心得;给朋友留言表示关心和问候等。

第四,尽可能将社交网络里的资源进行有机整合利用。社交网路中的资源丰富,优质资源也很多,想办法定期将各类资源进行整理,去除糟粕取其精华,在适当的时候能够将资源合理优化和分配,将会受益匪浅。

三、拒绝网络社交隐患

虽然,我们在网络"推介"中提到了很多方法和技巧,同时也阐释了网络给我们生活和工作带来的巨大便利,包括为我们结交新的朋友提供了广阔的平台。但毫无疑问,社交网络近些年的发展几乎呈现出了爆炸式的增长,它几乎连接了世界上每个角落的网民,实现了互动。我们也不得不承认,Facebook、Myspace、Twitter、Linkedin以及现行存在的很多像人人网一样的社交网站,已经被很多网民所接受,并且迅速发展成为许多人沟通和交流的首选方式。但是,正是社交网络的方兴未艾也给我们敲响了警钟。许多不法分子或者不良企图者利用社交网络的身份和信息公开化的特点,不断地从社交网络中窃取他人的信息,包括身份信息、财产信息、工作信息等,这导致了许多新型的犯罪。

目前,因网络用户信息泄露而引发的一系列权利丧失已经引起了社会相关部门的高度重视。不得不呼吁和提醒广大网民安全上网,做好个人隐私防护,学会网络社交比较,拒绝网络社交隐患的产生。而美国联邦贸易委员会也已经对儿童、家长和其他网络用户发出关于正确使用社交网络的警告,并就社交网络的安全提出了一些建议,主要有以下几个方面:

第一,在申请加入某个社交网站前,需要先调查清楚网站的实际运行情况或者是权限设置情况。有些网站是允许网络中任何用户访问任何帖子,而有的网站只允许特定用户访问特定的帖子。

第二,在上传内容时,考虑好要上传内容的浏览权限。如果是通识,可以不设置权限,任何访问者都可以浏览,但如果涉及某些隐私或者重要信息,则可以考虑设置权限,只允许朋友、同学、某个群组的人进行查看。

第三,保持个人信息的绝密性。不能随便张贴您的姓名、地址、手机号码,尤其是身份证号码和银行账号或信用卡号。当然,也不要随便公开朋友或者其他熟悉人的相关信息。在公布信息前,应该认真思考是否此信息能够标识个人的身份,谨慎处理要公布的相关信息,防患于未然。

第四,只分享那些想让别人知道的信息。因为网页信息可能很多人会关注,那么,最好只分享那些想让人知道的信息,比如专业知识的分享、生活心得的分享、生活常识的宣传等。

第五,上传信息时要认真思考。因为,一旦您上传了您的信息,就不能收回了。即使你及时删除已经上传的信息,但此信息可能已经在别人的电脑上出现了,所以别人的电脑此时有可能成为新的宣传源,安全隐患就存在其中。

第六,尽量不张贴照片。照片是一种显性的资料,张贴照片很有可能产生一种意想不到的后果,因为,网络其他用户会以各种方式对照片进行转载和传播,而是否会有人利用这些照片做不法事情,也是一个很大的隐患。

第七,如果您在网络社交过程中,对于某些信息感到极不舒服或者是受到某些人的威胁,那么,且不能因害怕而纵容那些不法分子,而是应该将此事告诉您所信任的人,然后选择处理方式,甚至可以报警,选择保护自己,同时也避免了其他网络用户成为受害者。

第三节　网络社交工具

根据国外媒体报道,在尼尔森发表的研究报告中显示,社交网络和博客已经超过了电子邮件,全球有67%的网民访问博客和社交网站。尼尔森在线首席执行官约翰·伯班克表示:"社交网络已经成为全球互联网体验的重要组成部分。尽管只有三分之二的全球网民访问社交网站,但是他们在社交网站的活力以及所花费时间的转移情况都表明,社交网络不仅将继续改变全球互联网版图,也将改变消费者感受。"其中,报告显示Facebook的普及程度最高,在尼尔森追踪的九个市场中,平均每十人就有三个人每月的访问。而从上网时间上来讲,网民每度过11分钟就会花费一分钟在博客网站和社交网站中游荡。同时,还有一个现象很明显,社交网站和博客网站正在趋向年龄多元化,在过去的一年里增长人群最明显的是35岁到49岁人群,增加的数量大约有1 130万人。这说明,随着因特网技术的发展,网络社交工具也在不断完善,人类的社交工具正在趋向多元化。网络社交工具能够更方便、更及时地帮助用户进行交流和互动,同时,有助于扩大社交面。那么,目前常见的网络社交工具有哪些呢? 它们都具有哪些特点呢?

一、E-mail

电子邮件是网络社交的最早形式,但随着博客和网络技术的发展,它开始淡出我们的视线,其社交功能也慢慢地被我们忽略,那么在未来网络社交中电子邮件是行将没落还是方兴未艾呢?

据科技资讯网报道,许多博客和网络媒体都报道称,年轻的互联网用户越来越多地依赖即时通信、短信、社交网络进行沟通——而且经常使用手机,电子邮件被排除在外。一篇博客甚至断言电子邮件将遭到抛弃。

但实际情况要复杂得多。一些市场分析人士预测说,随着网民数量的增长,电子邮件帐户数量还会增长。尽管18岁以下的青少年通常会避开电子邮件而使用社交网络和即时通信,但3名21岁以下的大学生在接受采访时说,他们使用电子邮件用来进行复杂、正式的沟通,例如与教授、其他同学的沟通。

大学生马特表示,他在高中时大量使用即时通信,但在大学时使用即时通信的时间少了,而大量地使用电子邮件。但马特也指出,他也大量使用短信。他发现,在进行快速的社交活动时,使用手机收发短信比电子邮件要好用得多。

另一名大学生安迪表示,他一周至少接收3次电子邮件,与项目组的其他成员沟通,或接收来自学校的通知。但是,安迪每天也都会登录自己的 Facebook 网页,看有没有留言。

主修音乐教育的大学生帕克尔则每天 3 次接收电子邮件,随时关注家庭作业或排演计划的改变。他说,许多学生都使用电子邮件。但是,他也会使用自己的手机发送短信,通过 Facebook 网页与朋友保持联系。

根据这一报道,我们可以看出,虽然电子邮件是网络社交的最初起点,但目前对于电子邮件这种通讯方式褒贬不一。有的人认为,随着博客和网络技术的发展,它开始淡出我们的视线,其社交功能也逐渐被我们所忽略;而有的人说,它是重要的沟通和交流手段,对学习和工作有重大的帮助。因此,电子邮件实际使用情况极其复杂,并不是简单的好与不好之说。

据互联网数据中心的统计数据显示,2009 年个人发送的电子邮件多达 11.4 万亿封,预计到 2014 年这一数字将增至 12.9 万亿封。根据这一显示结果可以看出,电子邮件长期以来备受各种企事业单位的青睐,是他们首选的通信手段,而且这一统计数据也表明了,电子邮件在未来也是大有市场。不管怎么说,电子邮件目前还有很多青睐者,这是个事实,这与电子邮件的便捷易用、隐私性较强的个人通信方式相关,其主要用途是联系交流和信息共享,具体说来主要有以下两点:

第一,电子邮件功能越来越齐全,已经演变成为面向社交环境的邮箱。如各种新闻、博客、微博、活动通知等,这些功能的加入,已经使得电子邮箱不再只是传统的点对点的通信功能,而是成为一个功能日渐强大的方便大众交流的社交工具。

第二,电子邮件能够提供个人思考空间,隐私性相对其他社交网站也更高些。电子邮箱能够提供充分的个人思考空间,帮助用户参与更广的话题。通常,在 Twitter 上,只能在限定字符的空间里表达个人想法,而电子邮件可以不受字符限制,自由表达个人想法。同时,个人邮件一般都是有明确的收件人,即收件人和发件人之间一般都有某种联系或者业务往来,同时,个人身份信息相比社交网站较为隐秘,所以安全性更高,尤其适合企业及客户之间的沟通往来。

互联网数据中心企业协作和社交解决方案项目研究总监 Erin Traudt 指出:"随着社交网络和社交媒体的兴起,人们会自然联想到电子邮件未来是否会被淘汰。但互联网数据中心认为，电子邮件不仅是目前最重要的信息传送形式，而且在可预见的未来也将会继续保持这一地位。电子邮件和社交软件互补的解决方案能够为用户提供在通信过程中的选择。"

因此，由于电子邮件在网络社交中有其独特的优势，在未来的日子里，它不但不会被淘汰，反而会有更好的发展。作为教师和家长，都该好好利用这一网络社交工具，做好各种通信和交流工作。

二、BBS

BBS在中国网络社交中占据着重要的位置，即使网络社交不断发展和演变出新的形式，如从BBS到网页形式的论坛、贴吧以及现在很受欢迎的社交网站，但BBS的社交地位却从未被取代，尤其在中国，BBS更是受到用户的欢迎。

有媒体采访康盛创想（Comsenz）公司创始人戴志康，其问题是"BBS系统为什么会在中国变得如此流行"。戴志康说："中国最早的BBS可能建立于1997年，像电子邮件一样，BBS是中国网民认可的最早的服务之一。中国人喜爱社区，他们在真实的生活中通常很平静，但在互联网上却喜欢表达自己的意见，热衷于对一些热点话题进行讨论。BBS为每个人提供了一个完美而易于建立的展示平台。BBS已经发展成为一个媒体平台，它不是主流媒体并且或许在中国永远不会成为主流媒体，但是最新和最热的新闻总是最先出自各类论坛，被网民传播和讨论。BBS用户更成熟，他们的年龄主要在20～40岁，受过良好教育并且具有各种专业背景。他们对各类论坛的贡献，使得BBS成为一个有价值的信息资源。"从戴志康的话语中不难看出，BBS在中国的生存和发展是符合中国人的生存环境和社会背景的。

首先，它与中国人喜欢社区生活的品性相符合。中国人多数喜欢热闹，喜欢过着社区生活。在过去，中国人喜欢吃完晚饭，坐到院子里来，扇扇大蒲扇，一块儿聊聊天，问问家长里短。而BBS恰好可以提供这样一个虚拟的平台，供大家热闹，供大家娱乐。尤其是当今社会，由于生活和工作压力，可能邻里之间都不是很熟悉，见面甚至都不打招呼，更不用说像过去那样坐在院子聊天了。所以BBS给大家提供了社区交往的虚拟平台,丰富了大家的娱乐生活。

其次,它能够提供最新的信息资讯。由于参与人员广、话题多,因此,BBS中经常会出现很多的新鲜和有价值的话题。尤其是最新最热门的话题,经常是由BBS爆出的,它甚至比许多主流媒体还要及时。而且,由于话语权相对较为自由、身份较为隐匿、互动又较为及时,故BBS会形成很多观点和看法,既丰富了话题,又带动了大家的发言情绪,有利于从多个视角审视同一个问题。

最后,BBS一般是基于话题的讨论。因此,它的主要功能是帮助社交网络中的用户有效地交换个人思想。BBS所提供的话题,一般是网民热衷的话题,在BBS上,不存在人对人的偏见,而只是对问题的一种看法。换句话说,BBS的优点在于"对事不对人",这点应该比社交网站更有优势,因为社交网站是基于人的,而BBS是基于话题讨论的。

这也说明了一个问题,BBS在随着科技的进步及用户需求的变换而不断地改版升级。它既能满足用户对既有话题的参与,又能满足用户个人创作的热情。BBS的互动能力和自由度的提高,提供给用户更多的主动权和选择权。同时,这种分配由于是建立在用户需求的前提上,所以更受到用户的追捧,这也是BBS在中国经久不衰的一个重要原因。

三、Blog

从2007年来,博客逐渐成为网络评论圈一道亮丽的风景线。各家IT站点都纷纷拿IT博客作为重头戏。而且几乎所有的专题都有博客参与。可以说,博客既是媒体,也是在线社区。

徐静蕾,作为昔日中国女影星中的"四朵小花"之一,虽然近年来在银幕的曝光率渐渐减少,但凭借在新浪名人博客上真诚直率的写作风格,吸引了大量拥趸,不但成为中国第一女博主,而且因此获得大量广告和代言的机会,可谓名人博客中名利双收的典范。和徐静蕾不同,大多数人写博客没有经济收益,他们更乐意视之为表达自我的绝佳途径,或者是工作中建立、维护、加强人际交往的手段。"以前需要在工作过程中逐步了解工作伙伴,现在只需要浏览他们的Blog,就可以知道他们的过去、性格、爱好。"一位从事销售工作的徐小姐这样形容她的博客阅读体会。徐小姐不仅浏览工作伙伴的博客,还常常对其中有趣的话题进行回复:"客户关系有时需要靠工作之外的交情来维护。以前我主要和他们通电话、吃饭,现在我更喜欢在他们的博客上留言。这不但体现我一直在关注他们,而且留言也可以让他们知道我的想法。此外,博客留言不需要即时回应,我想留的时候就留,对方想看的时候才看,彼此不用迁就时间。更重要的是,看一个客户的博客加上留言可能连10分钟都不要,而约一个客户吃饭,很可能要一周或更长。"不只是工作上的人际关系,私人朋友之间的交往同样受惠于博客这种新的沟通形式。有人做过小规模的调查:一部分人每天浏览朋友博客的数量多则上百个,少则十几个,而每天发手机短信联系的朋友一般最多五六个,至于电话联系或者见面的就更少了。

浏览博客、给别人留言,成为部分中国人最重要的人际沟通手段之一。只是用博客维系的人际关系究竟算深还是浅,而人际关系里,是交情深的重要还是交情浅的重要,都是没有结论的问题。但很显然,博客的出现,和电话、短信一样,大大提高了人际交往之间的频率和效率,为在有限时间内维持更多的人际交往提供了可能。研究如何把有限的时间分配给远近不同的伙伴和朋友,无疑是把简单问题复杂化的象牙塔游戏。对于普通人来说,还是通过博客增加交情来得实在。微软的MSN曾经只允许添加150个联系人,因为有专家说这是我们能够维持的人际网络的上限。但是广大用户对此的强烈不满和微软悄悄把联系人上限提升到300人的小动作,都证明了专家的意见似乎并不总是那么准确。也许专家忙于学术,压根就没有时间写博客。所以他们无法明白,写博客虽然没法让你赚到钱,但却可以让你赚更多的交情,并且这交情绝对不是150或者300个朋友的上限能够限制得了的。

媒体人眼里博客是垃圾与自我媒体的杂糅。博客的内容是大量的,是任何人都可以制造的信息。抄袭的文章、无观点的杂谈、无聊的闲谈、无序的资料充斥其中,大量无序的内容造成了大量的信息垃圾。这是所有博客的组织者不得不面对的问题。从媒体人角度看,需要从大量的信息里面梳理出有用的信息是非常困难的,这就犹如我们不能从消防栓里喝水一样。当然博客是垃圾这个论断对于一些超级名博来说是不成立的,比如说徐静蕾、韩寒、潘石屹、王石、宋祖德等。这些超级名人,他们制造的不是垃圾而是一种自我媒体。这些博客内容会对公众的思想产生影响,当然就是一种标准的媒体了。

从最近很火的社交网络来看,博客是宝贝。比如炳叔在自己博客上发布了自己的一张照片,对于不认识炳叔的人来说,这毫无用处,但是对于熟悉炳叔的人来说,大家会非常乐意去看这张照片,大家会新奇地发现原来炳叔不戴眼镜是这样的。博客逐渐成为人们交朋友、开展社交活动的一种重要方式。

博客是社交媒体。大家写博客的主要目的是什么?肯定不是为钱,不是不想赚钱,而是写博客无处赚钱,偶尔会有一点塞牙缝的软文费,相信没人依靠这个生存。不是为钱是为了什么?如果把博客理解为社交媒体这个问题就不难理解了。说得通俗一点写博客就是为了交朋友,而且是交特定圈内的朋友。名博洪波可以通过写博客让别人认识他的价值,了解他对互联网的理解,自然做起社交活动来就方便得多,在未见其人的时候就已了解其能力。最近很火的IT名博刘兴亮就是利用博客扩大其影响力,说白了也就是扩大自己的交际圈。博客到底是什么?博客既是媒体也是社交网络,当某篇博文被推广的时候,这篇博文可以理解为是媒体;当博主的朋友主动去博客看文章的时候,这时博客就变成了社交网络。现今很流行SNS,国外的Myspace、Facebook;国内的51.com、360quan、校内网、海内网这些SNS的本质就是博客的社交体现,而像新浪、搜狐每天在首页推广的文章都是媒体的博客。

四、社交网站

通过前面的介绍,我们可以知道,无论是E-mail还是BBS在我国都受到很多人的欢迎,但这并不意味着社交网站在中国就没有生命力,没有发展的动力。例如,51.com声称每天新增用户多达16万人;人人网(以前的校内网)、开心网等其他类似的社交网站也都占据着重要的市场地位。当然,中国有着庞大的用户群体,这一点对于国外的互联网公司有着巨大的吸引力。例如,Myspace已经在北京设立了办事处;欧洲商务社交网站Xing也于2005年在中国设立了办事处等。

（一）Facebook

目前,在国内外较为流行的社交网站有Facebook,它于2004年2月4日上线,名字来源于传统的"花名册",创始人是马克·扎克伯格。

Facebook平台主要有以下五个特点:

第一,墙:墙是用户档案页上的留言板。有权浏览用户完整档案页的用户,均可以看到这个用户的墙。用户墙上的留言还会用Feed输出。通过"消息(Messages)"可以进行私密的交流。"消息"是以发送到用户个人信箱的形式实现的,类似于E-mail,只有收信人和发信人可以看到彼此的信件,知道信件的内容。

第二,状态:主要用于向朋友展示用户在做什么、处于什么状态等信息,类似于qq状态。

第三,礼物:即虚拟礼物,是虚拟现实中朋友之间送礼物。当然,礼物是从Facebook的虚拟商品中选择,赠送时可以附上消息来表明自己想要说的话,这类似于现实中送礼物时的卡片功能。送礼物时可以选择公开送,那么收到的礼物以及所附的消息会显示在收礼者的"墙"上。当然,为了增加礼物的神秘感,送礼者还可以选择私密送礼物,这样就只有收礼者能看到礼物和消息。礼物一般存放在墙上方的"礼盒"中,公开的礼物直接显示送礼者的名字,私秘的礼物则显示"私人"。

第四,活动:这个功能能及时通知朋友们将发生的各种活动,帮助用户组织各种社交活动。

第五,视频:用户可以上传视频,也可以通过"Facebook移动"上传手机视频,还可以用摄像镜头录像。同时用户可以给视频中的朋友加"标签"。

（二）Google+

Google+是将Google的在线产品进行了整合,并以此作为社交网络的基础平台和基本资源来源,Google+是Google的一个扩展版。它作为一个社交网站,有其独特的优势,主要体现在以下几个方面:

第一,Google+有更好的隐私管理方式。相比于Facebook,Google+的隐私性更好,有利于用户信息安全的处理,这是一个显著的优势。

第二,Google+提供"圈子"管理。所谓的"圈子"一般是指各种熟人和朋友的分类。用户可以通过"圈子"来组织自己的联系人,就像通讯录一样,如家庭成员、同事、同学等,也可以在圈子里分享照片、图像、视频、动画等信息。同时还可以在整合"圈子"里建立"群",方便信息的交流和共享。

第三,Google+提供地理位置服务。用户在发布个人信息时,可以选择是否上传发布时的位置信息。同时也可以看到与用户地理位置相近的其他人发布的信息,便于用户及时知晓周围的人正在做什么,周围正在发生什么事情。

第四,Google+支持视频聊天功能,它可以像QQ一样进行视频聊天,可以单独聊,也可以群聊,极其方便。

第五,图片存储在服务器内,不受硬件干涉。例如,如果用户用手机拍了一张照片,那么Google+会自动存储到互联网服务器上,因为是这种存储方式,所以不会出现换了手机或者换了电脑后图片消失的情况,因此,不论从哪台电脑登录,想要获得该张图片都可以随时获得,而不受硬件控制。

(三)Lookup

人肉搜索神器Lookup的主要用途是:整合社交网络信息,而其数据主要来源是Facebook、Twitter、Linkedin、Google+等社交网站的账户信息和相关活动。这种搜索器有一个明显的优势——关联性,即在查找某些信息时,不仅仅会显示要查找的信息,与其相关的人和事也可以一同查找到。一般用于招聘或者与了解人员相关的活动。

例如,我们帮孩子选辅导教师,首先我们得了解各位教师的相关信息,但问题是我们对各个教师并不熟悉。那么,我们怎么办呢? 多数人最常用的办法是,在网上通过百度或者谷歌等搜索引擎输入该教师的名字等相关身份信息进行查找,以此获得对该教师的初步了解。问题是,百度或者谷歌会给出相关的搜索结果,但这些结果却是零散的,各个信息间没有相关性的搜索结果,比较独立、比较分散。而Lookup人肉搜索器就能很好地解决这个问题。

TalentBin的CEO彼得·贾赞奇称，由于用途不同，该公司的移动应用名为Lookup，而不是TalentBin。例如，如果你正在路上或者正在外边做事情，将要会见某个重要的客户或者某个重要的人物，你们彼此间又不熟悉，那么，此时需要你了解这个人的基本信息，而且一般情况下，你知道对方的信息越详细对于沟通就会越好。此时，便可以方便地使用适合移动应用的Lookup对其信息进行搜索查找，方便快捷。

目前市场上的搜索引擎，如谷歌和百度等，搜索策略基本都是"以文档为中心"，而TalentBin和Lookup则进行了创新，使用"以人为中心"的策略。人肉搜索神器Lookup目前支持英语，并兼容iPhone、iPod、itouch和iPad。

第四节　社交网络在线相处案例

社交网络已经远远超出了它最初的功能——交友，人们通过社交网站不仅可以与朋友保持更直接的联系，建立更大的交际圈，还可以帮助用户寻找到失去联络或不经常联络的朋友。事实上，社交网络已开始渗透生活的方方面面，影响着我们的学习、工作和生活。因为有了社交网站，人际关系发生了很大的变化，进而社会关系也发生了很大的变化。本章的三个案例从社交网络引发的商业中的危机公关、社交网络对网络招聘的影响、社交网络引发的广告危机三个不同角度阐释社交网络在线相处的方式。

案例二：
社交网络时代的危机公关

几个月前，我在佛罗里达州的奥姆耐酒店发表演说。在演说开始前大约20分钟，宾馆的WiFi设备发生故障。我无法连接网络，这简直要了我的命，当时我正准备向听众们展示You-Tube。

于是我拿出自己的黑莓手机，在社交网站Twitter上发了一条微博。8分钟之后，奥姆耐酒店的一名技术人员走进了会议厅。他问道："先生,您是不是无法连接WiFi？我马上就去地下室,重新连接路由器。请稍等,好吗？"

过了3分钟后,我的网络连接成功。当听众陆续进入会议厅落座时,我已经把视频下载到电脑上。我很快又发了另一条微博,写道："奥姆耐酒店的客户服务无懈可击!"。

为什么会如此？因为奥姆耐酒店的业务经理劳丽·考博斯戴德采用了全新的客户服务规则。她预见到将投诉者转化为拥护者的可能性。她抓住了这次机遇,并获得了应有的回报。她要做的只是用对讲机与技术人员通话,让他前去查看网络并且解决问题。她将针对酒店服务的小投诉转化为巨大的盈利手段,同时阻止了事态严重化的倾向。而关键的一点在于,劳丽预见到倾听客户意见的好处。

在社交媒体时代,你的公司是否采用了全新的客户服务规则呢？你越是迅速应对危机,越能够迅速解决问题、渡过难关,并继续前进,获得更多、更好的粉丝。既然你这次能够解决问题,那么你下次遇到类似问题时,就不会烦恼。

(一)时刻保持警惕

曾经有一个电视节目对灾难性事件进行了分析。他们认为,灾难不会自动降临,灾难本身是由一系列特定的微小事件引发的。电视里所说的内容通常都是正确的。因此,让我们讨论一下如何避免灾难。那就是,不论你的生意有多忙碌,你需要抽出一些时间去发现问题。记住,问题总是突如其来,你事先根本不可能预料到。然而,如果对这些问题进行事后分析,你就会发现问题的源头。事实上,你能够明确地区分出"问题"点,并准确找到错误发生的临界点。至于如何发现风吹草动的迹象,全由你自己掌控。简单来说,就是察觉到异动发生的蛛丝马迹,然后将麻烦扼杀在摇篮中。

2008年,止痛药美林发布了一则广告,告诉母亲们如何使用美林来缓解因怀抱婴儿引发的肌肉酸痛。全世界的母亲都气疯了,她们怒吼道："这简直是对母亲的侮辱。"她们不仅朝着房顶表达愤怒，还通过推特、脸谱、博客提出抗议。当时，《纽约时报》打电话给我——就在事件发生8小时后，询问我对该事件的看法。

对美林来说，最大的问题在于广告本身。我们的大脑有时会丧失理智，在这种情况下，不论出于何种原因，我们可能会萌生糟糕的主意。然而，美林本身的问题在于，他们直到事件发生后的14小时后才予以回应。那时候，网络上已经遍布谴责美林的各种言论，甚至还有人指责美林对该事件的反应过于滞后！换句话说，美林没有做到闻风而动，而且未能及时发现风吹草动。

如果美林的制造商能够及时关注网上的新闻动态，那么这场混乱在很大程度上是可以避免的。他们只需要简单地承认"没错，这则广告愚蠢极了；我们当时肯定是撞坏脑子了"，然后在事件发生后数小时内把这个内容发布到博客上。然而，这场混乱已经成为全球新闻，而且是负面新闻。

现在，让我们看看另一方面。多米诺比萨目前正在进行新一轮的广告宣传，他们号召观众将自己制作的比萨拍成照片。许多人发去照片，但是最终出现在多米诺广告中的照片显示，比萨表面与盒子黏在一起，结果把整个比萨搞得一团糟。这是怎么回事？他们选用照片是为了向全世界展示这样操作是错误的吗？没错。这很容易理解。借此机会，多米诺公司向全世界宣布，他们不仅发现了问题，而且他们正在解决问题。

（二）切勿欺骗消费者

"全美沃尔玛"是一对夫妇注册的温馨小博客，他们驾驶着野营用的娱乐车周游全国，每天晚上停在沃尔玛停车场过夜。这是典型的美国成功者故事：丈夫和妻子决定一起领略这个国家的壮观美景，而他们选择每天把汽车停放在沃尔玛。精彩的"美国式"故事免费为沃尔玛打广告，而沃尔玛也乐于享受免费得来的新闻效应，如同浸在可乐里面的曼妥思糖果。

可是好景不长。有人发现了内幕：原来，这次旅行的费用、整个旅程策划、购买娱乐车的费用，以及周遭所有物品的费用是由沃尔玛赞助的。

这下，沃尔玛陷入了突如其来的大麻烦。沃尔玛利用这个盛行的故事，吸引公众的关注，煽动舆论效应，以此促进事业发展，这是一回事。可是，如果沃尔玛编造故事，那又是另一回事，因为沃尔玛本身欺骗公众在先。

你可能会说："这种事不会发生在我们身上，我们不会这么做，没钱购买昂贵的娱乐车。我们又不是沃尔玛那种大企业，这根本不是我们的问题。"[①]

案例二只是通过列举正反两方面的例子简单地讲述网络社交工具在危机公关中的应用，显然，能够充分利用并熟练驾驭网络社交工具可以在处理各种危机事件时显得更加游刃有余，相反，则可能会导致一系列不良的后果。此案例给我们面对"青少年网络上瘾危机公关"方面的主要启示有以下几点：

第一，充分利用网络社交工具，时刻保持警惕性。教师和家长应该了解孩子常用的社交工具，熟悉其特点、掌握其基本使用方法。在工作的过程中，可以通过各种网络社交工具与孩子保持沟通和交流。同时，教师和家长间也可以通过各种网络社交工具进行经验交流，保证能够在第一时间发现问题并迅速找到问题解决的方法。而不是由于工作繁忙忽视对孩子生活和学习的关心，在孩子出现问题很久之后，才偶然间从别人口中知道孩子存在的问题。总之，利用网络社交工具的便捷性、及时性、互动性等特征，时刻保持警惕性，争取做到"防患于未然"，将问题消灭在萌芽中。即使孩子已经出现了问题，那么也要坚持"早发现，早治疗，不回避"的原则，尽量减少对孩子的伤害。

第二，充分利用网络社交工具，坦诚沟通。网络社交工具只是一种辅助的沟通手段，而作为一种工具是否能够发挥作用，关键的决定因素还在于人。就像是案例中的沃尔玛，虽然利用网络社交工具，使它在最初的时

---

① 杨先林.社交网络时代的危机公关[EB/OL].(2012-09-26)[2013-04-08].http://finance.jrj.com.cn/biz/2012/09/26134314443672-1.shtml.

候赢得了观众的关注和喜爱,但是谎言被揭穿后,其所面临的困境及遭遇的损失也是不可估量的。所以,若不能很好地使用网络社交工具则可能适得其反。对于教师和家长也一样,在与孩子沟通和交流时,应该本着坦诚布公的原则,不欺骗孩子,尤其是对于那些网络上瘾的孩子,更是应该坦诚沟通。在对网络行为进行批判、打击的同时,也不能否定其存在的积极意义,否则,会让孩子产生逆反心理,事倍功半。

案例三:

不道歉就吐槽

社交媒体上的危机公关成效,很多时候取决于说"Sorry"的时机。

2012年7月20日,王正华接连更新了20条微博。这位68岁的春秋航空董事长突然活跃在新浪微博上,是为了平息一场品牌危机。两天前,春秋航空将个别维权的旅客列入"暂无能力服务旅客名单"一事在微博上引起大量转发,维权者称这家廉价航空公司建立了一个"黑名单",这激起了一些遭遇过航行不快乘客的共鸣甚至愤怒。

王正华在微博上自称"老王",他的微博形象与之前春秋航空留下的强硬印象完全不同。他向网友说:"哪有生意人去得罪旅客?"他解释说,春秋航空的做法是无奈之举,公司会按照承诺向乘客提供服务,同时也希望人人都能按照承诺去做。"承诺"更准确的说法是"合约",王正华实际的意思是春秋航空不可能提供合约以外的赔偿,但他说得很委婉。他也顺便宣传了一下公司新产品"公务经济舱"。在王正华的微博回复中,有人直接回应"支持",也有人抱怨自己经历的不满服务,但对于"黑名单"已极少有人再纠缠。

三天内,春秋航空扭转了舆论声讨的声音。根据腾讯网投票统计,对春秋航空"黑名单"一事表示支持的网友高达81.64%。这场经社交媒体放大的危机,也最终在社交媒体上被平息。

牛津大学曾有研究称，危机公关处理的好坏与否，在之后六个月内给企业股价带来的差异高达22%。这一研究尚未涵盖社交媒体上的传播，但实际上社交媒体上的危机，只会爆发得更快，给企业造成的冲击更大。

对于那些瞬间被社交媒体上的指责淹没的品牌来说，三天内做出恰当回应的春秋航空的反应速度已经很快了。但在未来，企业的社交媒体公关反应速度还需更快。

(一)巨头变弱者

曾经在消费者心里有着强大而又难以沟通的巨人形象的企业，在社交网络上的确太笨重了。"在公众心里，企业有了问题，消费者就是弱者，但是社会化媒体上的危机传播得突然那么快，企业有时候也措手不及，根本来不及自证，有时他们才是弱者。"奥美公共关系集团的经营合伙人褚文告诉《环球企业家》。

然而让企业在社交网络上变成弱者的不仅是信息传播的速度，而是因为危机爆发的一切方式都不再按常理出牌。现在任何人在微博上都可能成为信息的引爆者，他个人可能只有几十个粉丝，但只要有一个"大号"转发，就可能使微博上人尽皆知。而且从前用图片、文字和影像平铺直叙讲事情的方法，被添上了恶搞、漫画和调侃段子的新手段，很多微博用户仅仅因为好玩，却使他们的作法对很多品牌产生着负面影响；而网络的匿名与开放，也注定了每次危机的爆发，将会承受更多消费者极端的情绪。

如果你错了，何时道歉已经成为社交媒体上危机公关的关键。比如在被央视"3·15"晚会曝光后，麦当劳在微博上被提及的次数出现井喷，平均每30分钟提及6 000次，危机传播范围达1 200万人。若不是在曝光1小时后就在微博上火速发出的一条声明，这家连锁巨头可能也将陷入无法自证的困境。它的聪明之处在于，正面承认问题并致歉，同时承诺通过管理来杜绝此类事件。

与那些迟缓地发布含糊其辞的声明的品牌相比，麦当劳的"一小时声明"反而赢得了赞赏。"因为发得及时，大多数媒体报道时都会采取公正客观的态度，至少消费者知道的时候平衡掉了一些负面的东西。"褚文说道。虽然这条声明只有134个字，却在五天之内获得了2万的转发量，使得仅有6%的消费者对麦当劳持怀疑态度，很多企业家也在微博上称赞麦当劳反应如此迅速是不容易的。

褚文认为，企业要想在危机2.0时代摆脱弱者的无力境地，最需要的是升级自己的危机管理体系："应对传统公关危机，成熟的企业大多有危机管理体系，知道发生情况之后找谁、在哪儿找，现在无非是加一层东西，在原有的体系里加入社交媒体这层东西。"这层"新东西"有着传统的危机处理绝不会有的特点，就是企业自己控制的主场——自媒体平台。

要想在传播速度以分秒计算的社交网络上找到自证的机会，企业处理危机的速度也需要在电光石火之间完成。而像发表声明这种自证又是必须的，任何媒体都快不过自己的媒体。

由于网络信息传递的快速和碎片化特点，网民在看到企业负面信息时，往往会在知晓片面信息时便开始质疑。一个自媒体平台除了要让企业尽快发声，也要让消费者了解到危机事件的真实情况。

比如春秋航空不再服务个别顾客的做法，被一些微博用户认为是"霸王条款"。"国外也有很多航空公司有黑名单。"春秋航空新闻发言人张武安告诉《环球企业家》。为了让消费者了解到"黑名单"的合理性，春秋航空在官方微博上发表了一份声明，不仅有着"深刻歉意"的诚意，也重现了整个事件的始末，让公众清楚完整事实。"我们的公关方法就是把真相还原给大家。"张武安说道。

如果一个大公司在社交网络上爆发了声誉危机，那最慢的处理节奏，可能就是将处理方法一层一层汇报给上级，甚至汇报到国外总部，但这已是落伍的做法。

(二)贴近情感

"社会化媒体要求反应要快,反应要快就意味着决策要快,因此要求企业把汇报线的架构压缩、扁平。"褚文认为,很多企业要改变危机公关体系了。

"2012年7月26日,我们干了一件傻事儿。"这是支付宝在微博上发布道歉信的第一句话。支付宝指的是在给236位用户发中奖短信时,将5元奖励错发成了奖励iPad。事件最终以支付宝"一诺千金"送出236个iPad告终。这个涉及金额达70万人民币的危机处理,从27日发现微博投诉,到30日公布道歉处理结果,仅仅用了4天。

而事件的处理除了CEO最终签字以外,全部是由支付宝应急响应小组(简称ESU小组)完成。ESU是一个由部门搭建的"虚拟"小组,主要任务是应对支付宝可能出现的各种紧急突发情况,第一时间调查真相,并给出解决方案,要求相关部门去执行。

对236个用户赔偿iPad并不是ESU小组最初的解决方案,他们也曾尝试更低成本的方案。"尝试性方案是每人赔偿500元现金。"陈亮说,"我们沟通了10个用户,6个同意,4个不同意,我们认为,只要有一个用户不认可,尝试性方案立即作废。"由于事先和用户进行了沟通,支付宝的解决方案在消费者心中达到了最大满意度。当然,即便这个满意成本高达70万,微博上对支付宝处理结果的6万次转发也使它成为了一次成功的品牌营销。

"我们ESU小组已经成立三年了,成员包括客服、公关、法务、合规、内控、技术,多半是一些中层的员工。"小组组员、支付宝公关与客服总监陈亮告诉《环球企业家》,"恰恰因为没有最高管理者,小组的人比较接地气,对底下的情况比较了解,我们遇见大的事件会当面开会,遇见小事在旺旺群里面聊天就解决了。"

由于消费者对支付宝的投诉多半和交易、资金有关,为了保证应对危机的速度，ESU每年都有一笔赔付基金，让小组能在不挂钩公司业绩和利润的情况下，迅速对消费者进行赔付。

支付宝将沟通放在了处理危机的时候，春秋航空则将这种沟通用在了对危机的预防上。这都说明，企业微博绝不仅只有营销一个用处，对于随时可能爆发的网络声誉危机，它还能起到监测网络言论的作用。"面向社交网络的危机应对系统应该有一个监测体系，就是别人在外面讲，你得知道他们在讲什么。"褚文说："通过监测你会清晰地看到大家的看法是什么，是积极的还是消极的。这对决定应对方案至关重要。"

王正华是航空公司高层中开博客的第一人，而博客和微博评论里网民的回复，便成了春航做网络监测言论的一块要地。"我们每个星期会把董事长博客留言汇总，让服务总监亲自批阅，对提到的部门进行整改完善。"张武安告诉《环球企业家》。除了董事长博客和官方微博，春航还有一个叫"春航小叮当"的微博账号，专门和消费者进行互动，"春航小叮当专门在网上搜索各种对春秋的意见和牢骚，只要是合理的建议和善意的批评，我们都比较重视。"

不过把和消费者的沟通放到网络上也要注意，这块沟通新领地毫无秘密可言，消费者随时都可能把沟通的内容和结果"晒"到网上，如果"晒"沟通的是粉丝众多、号召力强的意见领袖，或许还会给企业带来不小的影响。例如王小山在微博上透露蒙牛对他的"封杀"，就会进一步加强消费者对蒙牛的不良印象。

褚文认为，当意见领袖牵涉进企业的声誉危机时，企业一定要慎重对待他们的意见，与他们有一个诚恳的交流。"你还要注意所有的沟通都是公开的，不管是私信沟通还是电话沟通，你说的每一句话都可能被放到公众面前。"

企业真的犯错了，又拒不道歉的风险已经极大了。惨痛的教训来自美国联合航空公司。加拿大歌手卡罗尔由于不满美联航弄坏了他的吉他并在长达9个月之内不予处置，在2009年创作了一首叫《美联航弄坏了我的吉他》上传至互联网,十天内获得四百万点击量。美联航为此付出了股价暴跌10%,并被数以百万计人指责的巨大代价。

若把社会化媒体比作个人情感的跑马场,用严肃的官方声明作鞭子来控制马群绝对不是个好方法。褚文对此的建议是考虑整个网络传播情绪,照顾消费者的情感,从而做出更具个人情感的道歉[①]。

案例三讲解的是社交网络在应对社会危机事件中的重要作用,尤其是Web2.0出现之后,微博的大肆流行,大大地改变了人们的相处方式,因此,从此案例中我们可以得到以下的几个启示:

第一,根据网络社交工具的特点,确定网络相处的方式。比如说微博,微博的特点主要是博文短小精悍、互动性强、发布方便及时,转发方便,故其极具传播性,而案例"王正华接连更新了20条微博"中,这位68岁的春秋航空董事长就是采用这一特点挽救品牌危机,同样案例中的麦当劳也在事发一小时内利用微博"承认问题并致歉,同时承诺通过管理来杜绝此类事件",度过了一场很大的危机。那么,在网络时代,我们该如何相处呢?比如说目前较受欢迎的"人人网",其主要特点是实名注册,还有一个可以利用的明显特点是特殊好友功能。现实中,在很多情况下,孩子不愿意直接与教师和家长沟通,那么此时教师和家长则可以通过其他方式与孩子的好友或者特殊好友进行沟通,然后再通过这个好友进行建议的间接传达,也许效果会好得多。

第二,网络社交改变了人类的交往方式。如文中所提到的企业"巨头变弱者",曾经在消费者心里有着强大而又难以沟通的巨人形象的企业,在社交网络上的确太笨重了。事实上,网络社交和传统社交的方式是不一样的,毕竟网络社交只是一个虚拟平台,模拟的是传统社交方式,但它不能取代传统社交的功能。正如高晓松在接受《凤凰健康》采访时所讲,人和人的相处有很多环节,如相识、相知、相爱、离别、思念、追忆等,而网

---

① 佚名.社交媒体的危机公关:不道歉就吐槽(1)[EB/OL].(2012-09-17)[2013-04-08].http://news.ccidnet.com/art/1032/20120917/4273515_1.html.

络并不能代替传统相处的所有环节,它只是代替了其中的两个环节——相识和等待。网络社交使相识变得很不惊艳,等待变得不是很悠长,而朋友或者爱人之间的相知、相惜,社交网络是无法替代的。因此,教师和家长需要帮助青少年认清网络社交的利弊,鼓励青少年在网络社交的同时,也多参与传统的社交方式。

第三,网络社交中应该培养青少年的媒介素养。正如文中所讲"现在任何人在微博上都可能成为信息的引爆者,他个人可能只有几十个粉丝,但只要有一个'大号'转发,就可能使微博上人尽皆知。而且从前用图片、文字和影像平铺直叙讲事情的方法,被添上了恶搞、漫画和调侃段子的新手段,很多微博用户仅仅因为好玩,却使他们的作法对很多品牌产生着负面影响;而网络的匿名与开放,也注定了每次危机的爆发,将会承受更多消费者极端的情绪"。由于网络环境的复杂性,并不是所有的"爆炸消息"都是真实的。因此,教师和家长需要提高媒介素养,帮助青少年认清网上的是非曲直,培养他们的信息辨别能力,切不能以讹传讹、污染网络环境。

案例四:
社交网络将彻底颠覆广告业

人人网 CEO 陈一舟在戛纳国际广告节上大胆预言称,社交媒体的新时代已经全面到来,而社交网络如果能借移动互联网大势,则将彻底颠覆广告业。

人人公司是唯一一家受邀参与戛纳广告节的社交网络公司,陈一舟作为中国互联网领袖代表,对社交网站未来的价值十分有信心,陈一舟表示社交网络的持续发展正在成为品牌传播的全新渠道,而在下一个阶段人人将踩住移动互联网的节奏,推动移动广告价值的提升,"下一个 1 亿级用户的机会一定会发生在移动互联网,目前人人公司在移动终端市场上已经覆盖了主流智能手机平台和平板电脑平台"。

(一)涉足绿色农业,三年内美丽传说拟上市

继网易丁磊养猪涉足传统经济后,人人 CEO 陈一舟也开始在这方面进行探索,此前搬迁至广西南宁的美丽传说公司,除了

将继续发展猫扑网,还将探索地方农业经济和电子商务。

上个月千橡互动旗下美丽传说股份公司正式曝光,业务主体是猫扑网,并正式迁址广西南宁。值得注意的是,美丽传说业务除了猫扑网,还同时计划开展电商B2B业务和绿色农业业务。

对于为何要搬去西南边陲的南宁,外界并不理解,就连猫扑内部员工也很困惑。美丽传说CEO孙锁军指出,任何互联网公司都会遇到瓶颈,猫扑也需要寻找新的发展契机。美丽传说将建设一个引入东盟商品的B2B电商平台,并通过广西电视台和千橡集团旗下其他平台推广,使该平台在未来数月内上线。而在传统经济方面,美丽传说正在筹备涉足绿色农业,计划包装广西当地的农产品,并建立自有品牌。

"陈一舟希望通过美丽传说进行多样化试点,也希望我们能够占据广西文化创意产业第一的位置,同时我们也计划三年内在国内上市。"孙锁军说。

(二)"种不起"糯米,谋并收团购网站

日前,人人网CEO陈一舟在接受外媒采访时表示,公司正寻求收购,但是收购对象"难以抉择",公司会考虑收购团购或移动游戏业务。

陈一舟的这番话被业内解读为人人网欲借收购转移重心,侧重移动游戏和电子商务。而2011年8月份,陈一舟还强调,对人人网旗下团购平台糯米网在国内团购市场的发展持乐观看法,且短期内没有特定的收购目标。

"目前没有听到糯米网方面任何收购传闻,除了高朋与F团合并,赶集网将团购业务外包给窝窝团外,今年几大团购网站都没有什么新动作。"有业内人士表示。

不过,也有知情人士透露,2012年3月份,业内传出高朋与F团合并风声的时候,排名前十的团购网站中,有几家也在互相打探合作的可能性,据说当时的糯米网曾表示想与满座合并,而24券也曾主动找到糯米网谈对接事宜。但是,这一说法并没有得到糯米网方面的证实。

陈寿送也表示，当下的糯米网需要改变，而陈一舟这次如果真想开展收购，很可能是为了给糯米网找一个新的支撑点，不再单单依靠人人网的资源。

值得注意的是，陈一舟曾表示，"当我们两年前启动糯米网时，我曾说过我们希望成为市场领先者，但不是市场第一。市场上有很多竞争者，但都不理性，因此成为市场领先者所要付出的代价太大。"但现在看来，即使不做市场第一，糯米网想继续走下去，其付出的代价也不会太低。

（三）试水教育贷款，寻找移动互联网方向

2012年9月12日，人人公司对外宣布，向总部位于旧金山的金融服务公司Social Finance（以下简称SoFi公司）投资4 900万美元。

相关资料显示，这是一群斯坦福大学商学院的学生于2011年组建的创新型金融服务公司，他们组建网络贷款平台，帮助学生以低于美国联邦政府贷款的利息募集来自校友的教育贷款。

对于为何选择一家年仅1岁的新型创业公司作为投资对象，陈一舟表示，游戏和电子商务是社交化革命浪潮的开端，下一波社交化革命浪潮将在金融行业和教育行业发起。在美国，比较成熟的P2P（点对点）网络小额贷款与教育贷款是一种不错的结合。

此前，360董事长周鸿祎曾表示，目前拿到移动互联网门票的只有腾讯的微信。陈一舟坦陈："移动互联网已成为未来人人最关键的平台，不过，目前人人还未找到任何进入这一领域的有效方式。"对于未来该产品的商业模式，陈一舟不愿意谈得太多。他仅表示，"在用户拓展和盈利模式上都还处于探索阶段"①。

案例四以"人人网"为例，讲述了其未来发展的可能方向及可能带来的各种冲击。而对于未来的商业模式，其CEO陈一舟并没有做过多的解

---

① 佚名.陈一舟：社交网络将彻底颠覆广告业[EB/OL].（2012-10-09）[2013-04-08].http://www.soft6.com/news/201210/09/218252.html.

释,只是简单地说"在用户拓展和盈利模式上都还处于探索阶段"。这个案例主要从商业发展角度,探讨社交网站"人人网"的未来的发展模式,那么,此案例可以给我们在线相处提供哪些启示呢? 主要有以下两个方面:

第一,网络社交工具有其发展的商业模式,不能过于信任其相处之道。从人人网的发展过程中可以看出,它的发展是一种商家利润的抗衡,换句话来讲,是商家为了获得更多的利润,迎合用户的兴趣和爱好,利用现代技术,打造出来的网络社交平台,其看似单纯的交友方式,背后隐藏着巨大的利益团体。正如其CEO所说,社交媒体的新时代已经全面到来,而社交网络如果能借移动互联网大势,则将彻底颠覆广告业。之所以这样说,是因为在社交网络中植入了很多广告,在悄无声息中让用户接受了广告的内容,促进了各种消费。尤其是现在很多网络游戏中植入的各种广告,促进了各种产品的销售。因此,用户不能太过于相信社交网络,应看清各个社交网络盈利的本质,做到最大限度的娱乐化,而不是被其利用,成为其宰割的对象。

第二,关注网络社交发展前沿问题。既然网络社交已经成为社会生活的一部分,而且已经成功走入青少年的日常生活,那么,作为教师和家长只有正确面对。正如案例中所说"游戏和电子商务是社交化革命浪潮的开端,下一波社交化革命浪潮将在金融行业和教育行业发起"。游戏只是网络社交的开端,只是引发用户兴趣的一种商业手段,那么下一波革命将会在教育行业发起,也许这是一个很值得关注的信息,即到时候应思考如何利用网络社交进行教育的改革,促进青少年的更优发展。至少在美国,比较成熟的P2P(点对点)网络小额贷款与教育贷款是一种不错的结合。这能保证青少年教育资金的切实到位,有利于教育事业的发展。

小　结

本章主要阐述了网络社交给师生带来的思想与行为变化,并通过新的案例解读了如何利用网络社交进行组织发展与危机公关。人类历史上,但凡重要的技术革命都伴随媒介革命,人类任何活动本质上都是信息活动,信息流的传递介质、管理方式的不同将决定你接受信息的不同,所有有关信息流媒介的变革一定是底层的变革——网络社交也是如此。网络社交是一个推动互联网向现实世界无限靠近的关键力量。社交网络涵盖以人类社交为核心的所有网络服务形式,互联网是一个能够相互交流、相互沟通、相互参与的互动平台,互联网的发展早已超越了当初 ARPA-NET 的军事和技术目的,社交网络使得互联网从研究部门、学校、政府、商业应用平台扩展成一个人类社会交流的工具。从网络社交的演进历史来看,它一直在遵循"低成本替代"原则,网络社交一直在降低人们社交的时间和物质成本,或者说是降低管理和传递信息的成本。与此同时,网络社交一直在努力通过不断丰富的手段和工具,替代传统社交来满足人类这种社会性动物的交流需求,并且正在按照从"增量性的娱乐"到"常量性的生活"这条轨迹不断接近基本需求。

思考题

1.不同的网络社交工具分别有何特点与差异?

2.举例说明如何根据交往目的进行网络交往工具与推介方式的选择。

3.做一个小的抽样,调查"60后""70后""80后""90后""00后"群体的网络社交在交往方式、交往频率、工具选择、常用网站、效果认同等方面的差异。

第六章 教育革命:青少年 媒介素养的提升

一般而论,老年人容易视网络为洪水猛兽,希望按照他们认可的成功模式去约束未成年人,而青少年更容易接受新生事物,希望在网络的广阔天地里自由驰骋,增长才干。近年来,未成年人网瘾问题成了我国社会重要的话题之一。有人历数互联网罪状:"网络使人不会写中文字""网络使年轻人不读书看报、甚至不看电视""网络使未成年人上网成瘾,逃课逃学逃家"。甚至有人警告说"网络将毁掉我们的下一代"!但是也有人发出相反的声音,"网络要从娃娃抓起""网络是最先进生产力,拒绝网络,就毁掉了祖国的未来""治理不良信息重在引导"!现在看来,更重要的不是要求网络怎样,而是应改革教育制度,提升青少年的媒介素养,改进人才标准和社会就业机制。

第一节 恋网引发教育革命

青少年上网、恋网确实会引发诸多问题,如网络成瘾、身体透支、就业困难等。但只要我们回顾各个时代的变迁就能更深刻地理解到,这是社会发展的必然。所谓历史潮流不可逆转,作为教师与家长,需要做的是适应、理解、把握这股潮流。从措施上来讲,堵不如疏;而对于青少年来讲,需要养成良好的媒介使用习惯,有时间出去走走,更多地亲近家庭、亲近社会、亲近自然。

一、从身体透支到就业困难:网络人生充满风险

网瘾对青少年的危害愈发突显,如何克服网瘾对青少年的危害也成了家长们共同关心的问题。2012年4月16日凌晨,一男子在连续泡

吧7小时后,被发现猝死在网吧。烟台某高校学生,沉迷网络游戏,长时间一动不动地待在电脑前,导致精神萎靡,身体消瘦,最终正值花样年华的他猝死家中。摧毁身体、心理和社会适应能力,是网瘾的三大危害。长时间上网会透支体力,严重影响健康,诱发疾病、导致猝死。玩游戏时注意力高度集中,青少年长时间处于紧张状态,更容易诱发疾病。网瘾对青少年的危害只增不减,家长怎能不心焦。为了克服网瘾对青少年的危害,为了让更多的青少年健康成长,更为了让家长安心、放心,有公司推出了网络远程控制软件,与家长一同克服网瘾对青少年的危害。家长使用控制软件远程连接孩子电脑,远程桌面查看孩子电脑桌面,查看电脑屏幕,了解孩子电脑的使用情况,可以通过软件和孩子沟通交流,提醒孩子注意身体,让孩子适量适度使用电脑。家长还可以通过远程操作孩子电脑鼠标键盘,强行关闭电脑游戏,甚至关机,有效防止孩子沉迷电脑网络。

网络是一把双刃剑,既帮助青少年拓宽视界,也暗藏着对青少年身心健康的危害。如何抵制青少年沉迷网络,克服网瘾对青少年的危害,需要全社会一起努力。

(一)风险一:身体透支

长期发短信、手机上网写博客可能引发类似"鼠标手"。每天重复着在键盘上打字和移动鼠标,关节活动的时候发出轻微响声,严重时手指疼痛异常,无法正常屈伸。

"拇指族"与日俱增。"今天在公交车上突然有灵感,就赶忙用手机记下来了,就是车厢颠簸有点晃眼。""上面在开无聊大会,我就偷偷用手机更新博客了,洋洋洒洒千余字,手指都快废了!"记者在一些手机论坛里看到,勤于交流打字经的用户不在少数。在他们的推崇下,记者还见到了一些专用于手机的打字软件,据说效率更高。也有"拇指族"担心,长期发短信、手机上网写博是否会引发类似"鼠标手"的健康问题。"之前同事由于每天重复着在键盘上打字和移动鼠标,导致关节活动的时候发出轻微的响声,严重时手指疼痛异常,无法正常屈伸。"一位白领表示,她有时短信发多了会感到神经麻木,因此心有余悸。

常练"一指禅"恐得后遗症。每天狂按手机究竟有无后遗症？专家认为长时间地打字有可能会引起局部肌肉疲劳，严重的会引发腱鞘炎、颈椎病。腱鞘炎是中老年人病，但是现在很多白领，由于长时间地打字，接发短信，重复一个动作或动作太大，会减低筋膜润滑功能，也会患上这种病。腱鞘炎的病症患者一般会感到患处疼痛、麻痹、乏力，或手部肿胀、触痛，很少有人会及时求医，以致病情继续恶化。专家建议要进行适当的休息和反向手部运动，以延缓疲劳和疼痛。另外，连续四五个小时看手机，对眼睛的刺激很大，如果不适当休息的话很容易造成眼睛过度疲劳，引起视力下降。

(二)风险二：精神出轨

不仅中小学生因为网络而早恋，很多年轻的家长，因为网络聊天而出轨的现象也越来越多。网恋已经离生活很近了，尤其是刚过而立之年的青年男女，虽然对生活和异性有了一定了解，但还有很大可能因为网络交往而做出草率的事情。家庭不和与破裂更会对中小学生造成严重的影响。

(三)风险三：就业困难

网友"湘水悠悠"爆料说，他在求职网上看到一个超级雷人的公司招聘启事，职位要求里面竟然有莫名其妙的规定：不属于任何网络教派，严禁"春哥教""寂寞党""时彩族"加入本公司。招聘启事显示，招聘职位是行政后勤人员。他感慨说："不知道这些网络教派怎么招惹上这家公司，以至于招聘简章里直接把他们剔除。"无独有偶，网友"xiaoyouzi"发帖说，他是劲舞团(网络游戏，玩家喜欢简称AU)玩家，没想到找工作遭遇"歧视门"，企业招聘要求里规定"不收有劲舞团历史者"。同时，他在帖子里上传五张与某人才网人事部领导的QQ聊天记录。该领导解释说玩劲舞团的玩家90%人品存在问题，为了保证正常运行，避免素质低下人员混进，因此才制定该项制度。

"春哥教""寂寞党"等网络群体的存在与参与主体"80后"的成长环境有关，大部分"80后"是独生子女，在多元文化冲击下，他们更能理解寂寞的感觉。这些网络群体体现"80后"想与他人建立关系却不知如何去建立的矛盾心理,所以他们沉溺于网络恶搞,自娱自乐,寻找认同感。如果长期陷于网络恶搞不能自拔,还有可能导致网瘾。对于企业不招收"春哥教""寂寞党"等网络群体,专家认为,企业有自己价值观和文化,公司希望招聘的是能够认同他们企业文化和价值观的人。有了共同的价值取向,组成团队共事合作,才能创造好的收益。而这些网络群体经常恶搞一些无厘头的东西,本身就会误导他们的价值判断,当然也会对企业文化造成冲击,所以企业不招收此类群体也有一定的道理。建议当代青年白领,可以采用其他的摆脱寂寞、缓解压力的方式,多参加群体活动,如游泳、打篮球,或者大家一起喝咖啡交流。

二、堵不如疏,潮流不可逆转

一个是学业、一个是网络,孩子与家长的选择大相径庭。家长认为完成学业是走"正路",而热爱网络是走"斜路"。这里正路和"斜路"的评价标准是人为制定的现行教育制度还是网络,家长和孩子看法截然不同。现行教育制度如同学习八股文,孩子感到这是折磨。网络是现代科学发展的成果,是世界发展潮流的趋势,这一客观现实是不可逆转的。网络是传递信息的工具,是新科学的成果,它无所不在、无处不有,无事不用、无时不通,无孔不入、无所不能。它缩小了地球,扩大了空间;它缩短了距离,加快了速度;它能遥控太空,也能深探海底;它促使经济一体化、金融一体化、信息一体化、技术一体化,全球社会化。信息正促使全社会协同发展、全人类协同进步,人们对信息网络的依赖像对空气和阳光一样,缺少它整个社会就会瘫痪。信息网络技术发展之快、产品更新之迅速、普及面之广、使用人数之多,是现在其他任何一项技术都不能与之媲美的。信息化与机械化、电气化不同,它不仅改变客体世界,还改变人们的主观思维。目前的信息化仅仅是冰山的一角,比尔·盖茨讲过,"在这十年间,数字技术以令人惊诧的速度改变了我们工作、学习和娱乐的重要方式",但从许多方面来看,如果考虑软件改变生活的潜能,我们还刚刚处在这一转变的开始。如果说80年代以前的人是被网络牵着走,受网络所控制,有些人有恐惧网络症,那么80年代以后的人是推着网络走,控制网络,这是他们生活的组成部分。今后信息网络的发展寄托在目前与网络为伍的孩子们身上,信息网络的精英从他们中一代一代脱颖而出,这是不可逆转的历史潮流。

三、因噎废食,可能会适得其反

孩子放弃在学校学习,表明对这一教育制度不感兴趣,从网络上寻找知识,这正是孩子对现行教育制度的反叛。孩子是天真无邪的,他们很自然与现代科学技术相结合,放弃学校教育,表明了孩子们的天性,他们的观念胜过前人。家长是做不到的,因为他们受现行教育制度的束缚。目前的科技发展,已向孩子们提供了更加有趣的学习知识的方式——网络。目前,在家长严格管制、学校严格防范下,还有很多孩子因为迷恋网络而辍学、学习成绩下降。这说明什么,孩子们对现行教育制度的反抗,要引发一次教育革命,如同中国的废科举兴学堂,五四运动废文言兴一样。要改变教育的方式,改变教育的内容,改变教育的制度,总之要改变教育主体,由被动变为主动,由被教育改变为自教育。目前在网络上写信不用邮票、信封和信纸,写文章不用笔和纸。教育改革会出现无固定的课堂和教师,无固定的课本和作业。这次革命的先锋旗手不是成年人,而是孩子们。

现在有些家长怕孩子中网络毒,用强制手段使孩子和电脑相分离,强迫孩子接受不感兴趣的学习方式,这是因噎废食,会适得其反,历史发展的趋势是无法扭转的。这里有两个问题:一是不能怪孩子恋网络,而是我们的教育制度有问题,因为孩子对这种学习方式不感兴趣;二是如何使网络的内容适合孩子学习需要,而不要毒害孩子,其关键是网络的内容创新。如果我们能将语文、数学、英语等内容寓于孩子们爱看的动画片之中,通过网络进行学习,使学习和娱乐相结合,在娱乐中进行学习,在学习中获得娱乐,会大大提高学习兴趣和效果,解决学业和网络的矛盾,解除家长后顾之忧,这就是一场教育革命。这一革命和任何革命一样,开始人们是看不惯的,甚至反对,认为是无稽之谈,但这是社会发展趋势,历史的车轮人们是无法阻挡的。但是这一革命的道路又是漫漫的,孩子们适应科学潮流往前走,而家长们却秉承现行教育制度向后拽。我们的主要任务不是强治网瘾,而是如何顺应先进生产力的发展,减少不应该的牺牲。

四、鼠标土豆:有时间也要出去走走

鼠标土豆是对长时间沉迷于电脑网络一族的称谓,尤其是那些不断点击鼠标的游戏玩家等。电脑普及以后,有些年轻人工作、娱乐都离不开它,整天拿着鼠标,眼盯着屏幕,成了"电脑狂"。

土豆(Potato),胖胖圆圆,在美国俚语中常作为"头"(Head)的代名词,推而广之,又可指小人物。在英语中,有一个词描述了电视对人们生活方式的影响,那就是"沙发土豆"(Couchpotato),它指的是那些拿着遥控器,蜷在沙发上,跟着电视节目转的人。现在则有人在这个词的基础上,发展出了"鼠标土豆"(Mousepotato)一词。如一位西方自由撰稿人Vivien-Marx,在"Nepotato,Twopotato,CouchPotato,MousePotato"一文中,就比较了遥控器和鼠标带来的影响。虽然她的研究重点是鼠标如何改变新闻记者的工作方式,但是这个概念所涉及的网上行为特征,也更多地在普通网民的身上体现出来。

习惯于为生活奔波劳碌的我们,能否学着"慢"下来? 中国青年报社调查中心对12 158人进行的一项调查显示,超过半数的人(54.2%)希望自己的业余生活能安静度过;31.1%的人希望自己的业余生活能够"慢"下来。接受调查的人中,"80后"占62.6%,"70后"占21.4%。前一段时间有媒体报道,当下都市中有一拨年轻人正通过学习太极、古琴、书法等传统艺术,为习以为常的"快生活"打上一剂解药,让生活慢下来。当然,这些人毕竟是少数,更多人的业余生活并非如此。武汉华中数控股份有限公司职员王炜,觉得慢下来的生活,更能让人体会到人生真谛,而不至于像芥川奖获奖作品《野猪大改造》中的主人公修二那样,为了成为受欢迎的焦点人物,整天戴着假面具忙碌奔波,其实内心孤独而迷茫,不断地自问"什么是青春"。"但不是所有人都习惯以安静的方式让自己慢下来。还有一种情况看似喧嚣,但实质也是一种'慢生活'。""人,如果没有时间来'慢生活',那么,他会有充分的时间来生

病!"业余时间看看书,或者让自己疯狂一下,其实也能让自己慢下来,让生活更有张力、更健康。林语堂在《人生盛宴》中说:"能闲世人之所忙者,方能忙世人之所闲。人莫乐于闲,非无所事事之谓也。闲则能读书,闲则能游名胜,闲则能交益友,闲则能饮酒,闲则能著书。天下之乐,孰大于是?"

虚拟世界外的生活,更能让人体会到人生真谛,上网是个趋势,可看看外面的世界也是件美事。

第二节　媒介素养教育:主要内涵

古希腊思想家亚里士多德曾说过:"求知是人类的本性。"而人类的求知过程主要通过两种途径进行:一种是个人的生产和生活实践,即通过个人切身地对自然世界的探究,对生命本身意义的不断追问获取知识;另一种途径则是通过知识的交流与传播,由于个人能亲身实践的领域是有限的,所以人们的大部分知识往往来源于间接知识,这在社会分工日益细化的今天尤其如此。知识的传播需要"媒介"(Medium),从原始社会的结绳记事到现代的互联网技术,传播手段的日新月异正是人类渴望理解周围世界和自身不断推动的结果。那么什么是媒介呢?

一、媒介的定义

随着20世纪前半叶广播、电视等大众媒介的逐步普及,媒介在人们生活中的重要性不断增强。20世纪后半叶,电脑技术的迅猛发展、网络的高速遍及,信息化时代迈着坚定的步伐走进了我们的生活,给国家、社会和个人都带来了深刻的变化。报刊、电视、电影、电台、电话、手机,尤其是网络等构成信息的重要媒介,最大限度地满足视听感官需要,使大众文化信息对社会的影响已经到了"全方位""全天候"的程度,媒介已经成为社会的第二课堂。

媒介一词对应的英文原词为Medium,而我们常用的Media是它的复数形式,原词有"媒介"和"媒体"两种译法。有人把媒介和媒体这两个概念进行了细分,他们认为媒介(Medium)指的是语言、文字、印刷、声音、影像等内容信息,而媒体(Media)指的是书本、报纸、杂志、广播、电视等传播媒介及其发行机构。

《辞海》中媒介的定义是使双方发生关系的人或事物。对媒介宽泛的理解有:物理学意义上的"介质",如铁、铜等是导电的媒介,橡胶、干木头是不导电的媒介;生物学意义上的"载体",如唾液是传播疾病的媒介;文化意义上的媒介,如"丝绸、瓷器是将中华文明传播到西方的媒介"等。媒介在现代社会成了大众传播媒介的代名词,另一个与其密切相关的同义词是新闻媒介,新闻媒介指的是开展新闻报道活动的大众媒介,如报纸、杂志、广播、电视等。

传播学研究领域最有影响力的媒介研究学者、加拿大多伦多大学教授麦克卢汉有一个对媒介的定性定义:媒介就是信息。麦克卢汉认为,传播媒介不只是传递信息,还告诉人们世界是什么样子。人们在掌握文字前主要使用当面交谈的手段,即听觉、视觉并用。而有了印刷文字后,人们便长期依靠报刊、书籍(视觉)。及至有了电视,人们才视觉、听觉并用,既延长了感官,也恢复了感官的平衡,所以麦克卢汉对"媒介就是信息"进一步补充道:媒介是人体的延伸。人们在传播活动中,由于使用各种感官的方式与比重的变化,从而改变自己的性格,同时也就改变了环境,因此传播媒介本身就是信息。

国际电信联盟从技术角度对媒介(Medium)的定义有以下五种:感觉媒体、表述媒体、表现媒体、存储媒体、传输媒体。感觉媒体(Perception-media):声音、文字、图形、图像等,物质的质地、形状、温度等。表述媒体(Representation-media):为了加工感觉媒体而造出来的一种媒体,如语言编码、图像编码等各种编码。表现媒体(Presentation-media):感觉媒体与通信信号进行转换的一类媒体。存储媒体(Storage-media):用于存放媒体的一类媒体,如硬盘光盘等。传输媒体(Transmission-media):用来将媒体从一处传到另外一处的物理传输媒介,如各种通信电缆。

本书中的媒介是广泛意义上的媒介,并未对媒体和媒介做出严格的区分,只要是能够提供传播的通道的物质就可以称为媒介,包括如报纸、广播、电视等指向具体实物和机构的媒体及空气、人等传递信息的途径。

二、媒介的分类及特点

媒介一般分为印刷媒介和电子媒介两大类。印刷媒介是指将文字和图画等做成版、涂上油墨、印在薄页上形成的报纸、杂志、书籍、漫画等物质实体。电子媒介包括广播媒介、电视媒介及网络媒介等，广播媒介是指录编、传送和接受声音信息的电子媒介，如收音机、录音机；电视媒介是指录编、传送和接受声音和活动图像信息的电子媒介，如电视机；网络媒介是指通过电脑和网络集声、图、字、像诸种符号于一体，集彩、录、编、播各种手段于一身的电子媒介。不同的媒介具有不同的特点。

印刷媒介的优点是：第一，可以有效地保存，信息不易丢失。电子媒介如广播电视传播的内容稍纵即逝，若不经过专门录制，很快就会消失，而印刷媒介如报纸、书籍等能将信息有效地保存下来。因此，印刷媒介更能达到使受众获得反复接触的积累效果。第二，印刷媒介更能适应分众化的趋势。一般而言，不同的印刷媒介往往具有针对性的读者群，它能够适应专业化和专门化受众的特殊需要。除了一些综合性的报纸以外，印刷媒介不像其他媒介那样强调以标准化的内容来适应大部分受众的共同兴趣。印刷媒介也存在着一些不足：第一，印刷媒介的时效性不强，需要较长的制作周期。如杂志上刊载的信息并不是即刻发生的，而是事情发生后，经过编者的编写，再经由出版社出版这一时间的延迟后，读者才会在杂志上得知此信息。换句话说，我们在报纸杂志上看到的信息，可能是几天前发生的也可能几年前发生的，不会是此时此刻发生的。第二，印刷媒介要求读者具有较高的文字功底。现在的印刷媒介一般以文字为主要知识传播载体，因此，使用印刷媒介需要具有一定的文字功底。而受文化程度的制约，文盲和文化程度低的人无法或不能充分使用印刷媒介，不能很好地获得信息。

广播媒介一般具有如下的优点：第一，跨时空性。广播拥有电子媒介的优势，能够突破时间、空间上的限制，把信息即时地传到四面八方，其速度之快、覆盖面之广为其他大众媒介所望尘莫及。第二，即时性。广播媒介可以在突发性新闻事件发生时同步进行报道。在这一点上，广播甚至比电视还更为快捷。电视进行现场直播时必须配备各种笨重的录像录音设备,还需要考虑灯光、音响等条件;而广播的直播却极为方便,几乎不需要什么设备。第三,较强的亲和力。对受众来说,广播具有较强的接近性。广播是声音媒体,其主持人的音质、语气、谈吐以及播音风格经常会形成自己独特的风格,对受众产生独特的吸引力并使之在一定程度上产生参与感,因而更接近于面对面的人际交流,具有较强的亲和力。第四,真实性。它可以真实而逼真的记录、复制和控制人类的声音,使稍纵即逝、过耳不留的声音得以留存,也可以用或大或小的声音传播。第五,易懂性,声音传播一听就懂,易于沟通,因而也就较能适应各种文化程度的受众。第六,多功能性。广播既是新闻媒介,同时又能够很好地对各种以声音为载体的艺术进行传播,并使这些艺术以声音吸引人的鲜明个性得以充分发挥,从而也扩展了自身的功能。广播媒介存在的主要不足是过耳不留,稍纵即逝,无法重复,不容细想,受众较为被动。

电视媒介一般具有如下优点:第一,声像并茂,视听兼容。它集声、光、电于一身,汇编、演、导于一体,聚眼、耳、脑于一瞬,立体"发行",全新感受。第二,电视媒介的覆盖范围广,公众的接触面高。第三,画面传播,一看就懂。第四,形象生动,优美感人。电视节目有很强的穿透力和影响力,尤其能产生一种独特的潜移默化的传播效果。它的主要缺点是单调重复,影响逻辑思维。

网络媒介具有如下优点:第一,互动性强,受众可主动地参与到网络活动中。第二,信息密集性强,网络媒介可以说是目前信息量最集中的。第三,形式多元化,网络媒介信息的传递可以集各种传统媒介的方式于一身。它既有印刷媒介的可保存性和可查阅性,又有电子媒介的新鲜性和及时性,还有自身的图文阅读性和印象视听性。第四,方便性和快捷性。通过网络媒介传递和交流信息,不需要纸张,不需要印刷、投递,也不需要发射广播电视节目所需要的昂贵而复杂的设备,它是将信息拨号入网,在通讯线路上自由传递,不分地区、不论国界,随传随至,既方便快捷,又省钱省力。网络媒介也存在一些不足:第一,信息的选择困难,信息量巨大,甄别困难,不确定信息多。第二,对虚假信息和不利信息的处理非常棘手。第三,安全危机时刻出现。

三、媒介素养核心概念

很多媒体教育实践者围绕媒介素养教育的核心概念来组织他们的课程。得到大家公认的媒介素养教育的核心概念有语言(Language)、叙事(Narrative)、机构(Institution)、阅听人(Audience)、再现(Representation)和产制(Production)。在媒介素养教育大框架中实际上融合了一系列分析、产制媒体的技能。因此,这六个核心概念分别从属于分析和产制两个类别。一般来说,除了产制外,其他五个从属于分析的技能。

(一)语 言

语言这个核心概念源于"讨论","讨论"是为学生提供一个表达、议论自己对媒体的理解和体验的机会。然而,对"讨论"的重视并没有为分析提供一个结构化的框架。"讨论"模型的不完全性导致了后来的"通过符号分析"。凯伦·曼兹和艾伦·罗发现,"分析方法在慢慢发展,开始关注意义的正式建构和处理意义分歧,对语言学的考察可以明显看出这种现象。符号学把所有传播行为和形式,不管是书面、口头还是视觉,都看成是符号,通过符号的特殊组合和它们在语言系统中的位置,产生意义"。通过分析媒介文本的代码和规则,我们获得意义,这些代码和规则构成文本语言。例如,在一个电影或视频文本中,观点镜头、过肩镜头和高角度镜头或低角度镜头就是不同的。在建构媒体信息时,产制者要选择代码以及决定何时使用。

那我们怎样分析这些镜头,并使它们产生意义呢?"媒体是建构体",我们通过对媒体语言解码而获得意义。大卫·帕金翰很好地解释了语言的概念,媒体语言——是一系列产制者和阅听人共通、能产生意义的代码和规则——不能仅仅被看成是中性的。就像口头语言,我们可以看到机构(Institution)试图控制语言,决定世界被谈论、再现的方式。

(二)叙 事

叙事是无所不在的言说语词。叙事意味着检查我们讲述事情的方式。大部分的媒体产物都是由叙事来加以建构的,比如流行音乐的歌词、电影、电视"脱口秀"及报纸杂志里的文章等,所有这些都被组装成连贯一致的故事顺序。通过理解、分析事情是怎样被告知或隐瞒,我们能够反思我们和媒体的关系以及机构建构、呈现事件的方式。由于阅听人经常带有其他相当丰富而又熟悉的叙事结构,对所接触的叙事故事便会有不同的期待,于是也常根据其社会与个人曾有的叙事经验,产生不同的解读。

正如安德鲁·托尔森所说,叙事即是"依时间顺序而编列的符号"。与建构相仿,叙事是由文本策略所组成,这表示它们是因成规而形成并非天生自然的。但叙事倾向于看起来没有破绽而且浑然天成,它们似乎是"就如所发生的"来呈现一个故事。叙事机制用以将事件组织得平滑流畅、不着痕迹,如同一个幻象。叙事结构其实就是将其选择与编排事件的过程隐藏起来,以描绘出一个始终一贯的连接,并且认为叙事便是所有经建构的实体,或说是"生产意义的机制",它的作用在于将原本杂乱无章、虚实不一的素材变得井然有序,变得更有意义。

卡罗尔·蒂利列举了三个原因,来说明为什么叙事在媒介素养教育中具有核心概念这么重要的地位:第一,叙事把我们的注意点从故事内容转移到讲述的结构和过程。第二,叙事有很多形式……我们可以使用相似和区别的概念来组织研究媒体。第三,通过研究当前流行的主流媒体,比如小报或肥皂剧,学生可以发现这些叙事形式所带来的意义和愉悦跟社会权力集团意向的关系。

大卫·波德维尔和克莉丝汀·汤姆森认为,所有我们定义中的要素、因果、时间与空间,对大部分媒体叙事而言都很重要,但因果与时间则是最为核心的。

(三)机 构

所谓机构可以从狭义和广义两个方面加以分析。狭义上来说,媒体机构是生产媒体商品的产业或企业,其在此是一种依据经济气候的变化而具权变性的字眼。广义上来说,媒体机构如同任何社会中的大型组织或机构,并且与其他机构具有相互连结的关系,媒体在此部分扮演了管理社会文化与塑造社会信仰的角色。然而,这两者之间并非全然互斥,事实上,都是媒体机构在现实运作上所包含的不同层面。

若是将机构视为一种产业,首先就必须将其置于经济的脉络中加以考量,那么,媒介产物只是一种为了获取最大利益的商品,媒体产业必须透过竞争牟取利润。而这种所有权的高度集中,以及仅有少数人能够从事媒介内容的产制,都是媒体产业的主要特性,身为媒体产制与发行的拥有人,同时也得以接触权力的核心。任何对媒体产业的检视,都必须包含对媒介文本产制所牵涉权力关系脉络的调查。这些产业的媒体工作者,都必须遵守专业的规范与行事规则,这种意识形态最后也将影响媒介内容的产制。为了解产品的市场竞争力与生存空间,针对阅听人和读者进行的阅听人研究,就成为测试产品能否存在于市场的主要方式。通过审视这些脉络性的因素后可以发现,媒介文本的成功,必须透过组织性经济目标的实现来获得,这些因素都对媒体产品的最终意义有关键性的影响,也对媒介文本的意义提供了因果性的部分理由。

而从广义视角来看,媒体本身就像是一个制度架构,身处于其他各种不同的团体制度中,也相互分享与支持相类似的价值观,这些价值观肯定了有关我们社会关系的主流想法。然而高度竞争的商业环境使得企业组织更迭相当频繁,广义的机构和其所展现的社会文化价值,都会随着历史与时空因素的变化而转变。

媒体产品的产制与管理,是媒体机构的重要任务。然而媒体机构在产制媒体产品之前,有几个相关事项应先调查与考虑在内,如媒体机构有多大程度可被视为是媒介产品背后唯一的决定原则,媒体拥有者又能控制多少产品中的价值观,以确保其统治阶级的主控地位,而非鼓励更民主的社会意识。本·巴格迪肯在《媒体独裁》中探讨了媒体巨头对我们接触社会的控制力逐渐膨胀的问题。而詹姆斯·罗尔认为,"文化是不可能被任何社会的政治经济力拍客所全盘控制管理,这当然也包括大众媒体形象的拍客。官方意识或主流意识形态并不能决定文化形成,在某些情况下,主流意识的表达有时可能引起强大的反弹"。

媒体机构是一个非常抽象的概念,学生很少有在媒体机构中的体验,没有这方面的经验,塔娜·沃伦认为,教学的关键要点是让学生理解,机构独裁和联盟之所以存在是因为人类代理(Humanagency)对他们的维持。

(四)阅听人

媒介素养教育中的阅听人概念与文学和绘画艺术不同,文学和绘画艺术的阅听人并非是"大众"。媒介素养教育的阅听人包括电视和电影观众、广播听众和报纸读者、电脑和网络用户,范围很广,可以是群体也可以是个人。

在媒介素养教育的文本分析中,阅听人不是媒体信息的被动接受者,而是主动参与到接收、解码和意义阐释的过程中。布兰斯顿总结道:对现代媒体"阅听人"概念的理解处于两个极端,要么认为媒体信息力量强大,要么认为观看——接收者力量强大。这种观点来源于有限效果模式,认为媒体信息的意义生成不是媒体生产者的任务,而是阅听人所拥有的。但是,只有受过教育的阅听人才可能将语言、叙事、媒体机构、阅听人、再现以及产制等核心概念综合起来,对接收的信息生成意义。布兰斯顿也指出,研究表明,我们带着某种社会身份来阅读媒介文本,这就导致我们对同样的节目进行不同的解读。

(五)再　现

"再现"描述的是:将不同的符号组合起来,表达复杂而抽象的概念,是令人明了且有意义的一种实践活动。而制造此意义的实践(Sense-making-practice)也是一种基本的认知过程。所有表意活动都是再现。再现可以是心理或情绪状态的,比如爱、快乐、生气;是社会族群的,比如白种女性、残障者;或是社会形构的,比如家庭、工人阶级。最常有的是,再现的动作需要将许多非常分散的元素,聚集成一个可明了的形式。这个过程常被称为选择与建构,因为必须在什么符号可被选与接合上做选择,以创造所关注对象或观念的意义、结果,文本便包含了告诉读者关于再现的某些事,以及什么被再现出来。因此,再现也是意识形态的。

一直用来分析与评量社会群体之媒体再现的两个主要途径是内容分析,意识形态分析。正是再现这一核心概念,我们运用其特定类型刻板印象、原型和期望值的对照(比较)、解码和评价,来理解我们自身和他人,如调查媒体中再现的种族情况,调查媒体中再现的性别问题,多元文化建构问题。

对再现这一概念,人们心里各有理解,也各心存偏见。因此,重要的是记住,在教学中,碰到这类个人理解和偏见时,应允许发出不同观点的声音。朱利安·塞夫格林总结到,学生们产生的反应应该转由感知和观察经验从个人,到社会学和政治理论,到解释……通过语言完成转换过程,但是,很快他又向我们指出,这样的教学缺少反思,而通过反思,学习者才能意识到他们的观点和思想从属于其他思想结构。

(六)产　制

正是通过产制这一核心概念,媒介素养的其他五个核心概念才得以巩固,只有当学生们开始创作自己的媒体信息时,他们对媒介素养概念的认识才得以落实。卡里·巴扎尔杰特特别强调教师要帮助学生在进行媒体创作时寻求自己的声音,而不要简单模仿那些主流大众媒体的制作。莱思·马斯特曼认为实践活动自身不构成媒介素养教育。尤其是那种认为学生通过实践工作能自动获得批判能力并开始认识到媒体并不神秘的想法是不对的。实践工作和批判活动之间的联系需要教师精心安排。

四、媒介素养核心理念

目前得到公认的媒介素养教育的核心概念有语言、叙述、机构、阅听人、再现和产制等。而在此基础上形成的核心理念,在世界范围内受到广泛的认同的是加拿大媒介素养教育组织提出的媒介素养的八大核心理念,有些学者根据本地区的实际情况做了调整或修改,基本涵意如下:

(一)所有媒体都是建构体

媒体并不是对客观现实的简单反映,而是由许多决策和重要因素共同导致的、经过精心设计的建构体。媒介素养就是要解构这些建构体,以分析它们是怎样组合起来的。

古代文化传承依靠的是文字媒介,亦或是壁画、雕塑等绘画类,在当时的社会背景下,确实起到了巨大的作用,使得唐诗、宋词、元曲、明清小说等文化瑰宝得以传承,给了我们后世人了解、探索人类文明史的必要条件。而现代社会中,每一种信息的传播形式都有自己独特的特征,电视新闻适宜即时和视觉形象的传播,新闻照片适合于传递饱含感情因素的信息。写作时作者必须仔细选择最有效的类型,因为一篇散文、回忆录、小故事或是一首诗都是表达信息的有效形式,这取决于作者的目的、受众和信息的内容。总之,各种各样媒介信息的制作都是为了某个特定的目的。

(二)媒体建构现实(The-media-constructreality)

我们对世界及其如何运作的认识来源于我们平时的观察和经验,而我们绝大部分的观察和经验都与媒体有很大关系。我们对现实的理解是基于媒体信息的,而这些媒体信息是被预先建构的,很多观点、解释和结论早已存在。但在一定程度上,媒体赋予了我们对现实的感觉。

(三)听众协商媒体内容的意义

人们在媒体提供资料(信息)的基础上认识世界,同时也夹杂了自己的需求、当时的心情、种族观念、对性的看法、家庭和文化背景等诸多个人因素来捕获或者协商媒体讯息的意义和内涵。不同的人,由于所拥有的个人技能存在差异、所持有和选择的信仰以及获得的经验不同,对同一个媒介信息进行分析和评判后所建构的意义也不同。人们主要是依据个人技能、信仰和经验来对媒介信息进行处理和解读。

例如:播放一个"花园"的视频,不同身份的人会发现不同的媒介信息。即不同的人看到关于"花园"的这段视频,都会根据自己既往的经验关注自己想关注的内容,构建自己的信息。如写生者更关注花园里的花及其环境是否满足写生的要求,他们会思考:此场景是否可以成为写生的对象。艺术家是具有较高的审美能力和娴熟的创造技巧从事艺术创作劳动并且是有一定成就的艺术工作者。他们具有生动的想象能力、卓越的创造能力以及专门的艺术技能,他们会从花的艺术价值来建构意义。经营者则关注花园的地理位置及花的品种及价格等,并将它们与利润挂钩,他们会思考:此花可不可以推向市场? 经营者是从事商品生产、经营或者提供服务的自然人、法人和其他组织,他们从事的生产经营活动是以营利为目的。当他们看到花时,他们会运用他们的谋略能力、统御能力、决策能力以及长期积累的销售经营经验对花的经济价值进行分析。这是他们对媒介信息意义的建构。药剂人员则会关注花的品种及药效。他们会思考:这花是不是药材。药剂人员是经过考核和卫生行政部门批准和承认,取得相应资格及职业证书的卫生技术人员,所以他们通过谨慎认真的工作态度,用专业的技能知识对花的药用和营养价值进行分析来建构意义。

(四)媒体具有商业性质

媒介素养鼓励我们要有这样的意识,即媒体是怎样受商业因素影响的,以及它们是怎样影响媒体的内容、表现形式和销售的。绝大部分媒体生产都是一种商业活动,媒体总是要考虑如何从中赢利。所有权和控制权问题是核心,向我们提供视听阅读资源的媒体由相对少数人操持和控制。

(五)媒体内容含有意识形态和价值观

从某种意义上说,所有的媒体新产品都是广告,因为它们宣示着一定的价值观念和生活方式。主流媒体总是会明显或含蓄地传播意识形态的信息,内容涉及道德生活的本质、消费者保护运动的效能、妇女的角色、权力认同以及爱国主义等主题。

媒介信息除了描述客观事物之外,本身就含有对其描述对象的意义、重要性等的评价,或者媒介信息在产生之初,就由其创造者赋予了对其描述对象的意义、重要性等的评价。例如,在新闻报道中,播音员并不是完全机械地描述事实状况,总会或多或少地加入评论性内容。又如,画家的画作之中,不仅描绘了某个场景或人物,还融合了画家对所画内容的态度和评价,这种态度通过各种艺术加工手段融入画中。再如,同一个场景的照片,也会因为拍摄者的不同而呈现出完全不同的样貌。

(六)媒介具有社会和政治意义

媒体对政治和社会变革有很大的影响,比如电视能影响到一个国家领导人的选举。媒体使我们关注人权问题、非洲的饥饿以及艾滋病等问题，让我们产生发自内心的国家意识和全球意识，真正让我们成为麦克卢汉所说的"地球村"中的公民。

（七）媒体信息的形式与内容密不可分

就如麦克卢汉所说，每种媒体都有自己的文本建构规则，以自己特有的方式来表现现实。即使是报道同一事件，采用不同的媒体就会产生不同的影响。

（八）每种媒体都有其独特的艺术表现形式

人们要像欣赏诗歌或散文那样来欣赏不同媒体的形式和效果。媒介素养教育不仅是让学生了解媒介文本，更重要的是让他们欣赏每种媒体独特的美学形式。如懂得欣赏影片拍摄手法、感受音乐中的节奏与气氛等。

第三节　媒介素养教育：国际进展与国内发展

一般认为，1933年，当英国文学批评家F·R·列维斯和他的学生丹尼斯·汤普生在他们合著的文学批评著作《文化与环境：批判意识的培养》（*Cultureand Environment: The Training of Critical Awareness*）中首次提出将媒介素养教育引入学校课堂的建议，标志着世界关于媒介素养研究的开始。从最早的媒介素养研究到现在，经历了七十多年的时间。世界各国的媒介素养研究的发展并不均衡，比如，英国、加拿大、澳大利亚等国的媒介素养教育与研究开展得比较早，现已取得一些成功的经验；而亚洲及非洲国家的媒介素养教育与研究不但发展时间短而且发展速度较慢。

一、英国媒介素养教育

英国是最早一批开展媒介素养教育的国家，历史悠久，无论在媒介素养研究还是实践领域都处于领军位置。在英国学校中对大众媒体的研究至少从20世纪60年代便开始普及了。推动的主要力量来自英语教师，这些正式成为国家课程的一部分。英国的媒介素养教育为世界其他国家提供了宝贵的经验。

(一)课程政策

1.国家层面

文化、媒体与媒介素养部(DCMS)负责国家的文化产业,已经建立了一个以加强媒介素养为基础的框架。DCMS在决定"新机会基金"(New Opportunities Fund)优先资助对象方面有重要的话语权,比如支持教师在ICT方面的学习和培训,ICT是教育与技能部(DFES)要求教师在校内外各方面需要加强的必备技能。DFES则支持学校其他方面的发展,旨在提高媒介素养教育的质量,更好地理解年轻人是如何学习以及他们所具有的理解力和创造力。DFES的最佳实践研究奖学金为启动一些有益的研究和发展提供了机会。

英国电影学会(BFI)扮演了一个至关重要的角色,即向议员游说在议案和政府机关的行动中包含媒介素养教育。BFI所关注的活动影像媒体就是来自政府的议案。BFI在为媒体艺术专业学校设计有意义的研究以及协调教师团队方面也处于关键位置。通讯办公室的纲要为电子媒体专有,它的焦点转移到以前被忽视的活动影像和电子媒体上,这是颇有价值的,但是如果机构只关注媒介素养的某一要素,将会被证明是件危险的事情。英国教育和传播技术机构通过一些学校活动为开展应用活动影像媒体工作提供支持。如它的先导计划"捕捉创造力"已经为那些成功加入该计划的学校提供一部摄像机和一套编辑器,以探究中小学如何创造性地运用这些媒体设备。

1988年,英国议会通过了《教育改革法案》,提出以立法的形式制定全国统一的国家课程标准。资格与课程委员会(QCA)是代表政府具体负责在全国范围内推行发展各级教育和培训的课程和资格的权威部门,设计了《国家课程》,其中就包括媒介素养部分。在法定框架中包含媒介素养教育是其生存的关键,政府机构运用指导纲要来规划他们的行动。QCA起草了指导纲要,并且将他们转化为普通中等教育证书(GCSE)考试规范,能阅读和解释媒体文本的要求在政府其他教育创举(发起)中也得到施行。教师培训机构媒介素养教育包含在中学英语教师的初始培训中,然而,这些指导纲并不能充分保证都能得到恰如其分的实施。随着时间的推移有些发展过程发生变化,像最近的《活动影像研究》也作了首次修订。

2.地方层面

支持政府政策在学校和青少年工作中实施,地方教育局充当了关键的调解者。在学校计划方面,地方教育局只有非常有限的空间来加强地方优先权的规定。他们的优先权日益受到中央政府项目的驱策,这些项目大部分是素养、计算能力和ICT之类,中央政府的委员会为指导教师和顾问教师提供额外的资助。此外,公民课程也得到了支持,但媒介素养在该学科中仅占一小部分。

在非正式教育部分,虽然来自欧盟和发起者诸如单项重建预算(Single Regeneration Budget)的资助大多数都维系着经济和社会发展目标,教育局有特权决定完成这些目标的方式。有些教育局,比如威根和利物浦,视文化产业发展为当地经济复苏的重要因素,在一些与教育发展计划相符的战略中高度评价非正式教育和终身学习。因此,受基金支持的媒介素养教育能形成一个增加年轻人学习机会的显著领域。

3.学校层面

对于英国学校来说,《英国国家课程》是其核心政策框架。它确实铭记了一些在Key Stages3 和 Key Stages4中关于开展媒介素养教育的要求,但只是英语指导纲要中相当小的一部分。媒介素养与其他课程在争夺政府资助优先权,如核心素养课程:阅读和写作,会话和听力,尤其在小学中,现在甚至会话和听力课都在努力争取地位。

学校本身在促进或制约媒介素养上有一个关键角色。校长和高层管理人员或许有许多消极的或不确定的媒介素养教育态度。在平衡课时需求竞争中,他们可能认为要对使他们学生的媒体识读能力低于其他技能负责任,或将媒介素养与技术素养合并在ICT应用中。

上面提及的所有政府机构,虽然广泛地支持多种媒介素养教育形式,但是有其他更高的优先权,通常由政府设定。他们经常扮演守门人。例如,QCA必须实现现实中所期望的那样,教师在任何给定的时间中都能承担任务。然而,如果在法定框架中没有一个适当的位置的话,媒介素养教育对所有Key Stages3和Key Stages4学生作为某种形式的权利不太可能会生存下来。在某种程度上,非正式部分的媒介素养发展比学校得到更强劲的官方支持,虽然说政府政策更集中于ICT能力而不是媒介素养;政府强调的社会包含已经支持了相当可观数量的校外活动,诸如学习支持和暑期学院。这些实质性活动的支持是混合的,有政府准予,慈善和商业专业者中心提供高质量的设备与专业培训者。这些零散的活动同样也得到学校的支持,为学生提供机会,比如固定他们的GCSE学年作业。实际上很难确切地判断一个行动中所加入的非正式部分,但很明显是一种专业技术和高质量工作的重要来源。所有的支持是否在不同途径上都等效呢?有多少年轻人,尤其是那些来自贫穷家庭,能够得到在家中缺乏用电脑的补偿,或获得必备的社会和组织技能而改善他们的命运?

(二)课程目的

从英国媒介素养教育的历史发展来看,媒介素养教育的目的经历了以下几个阶段的演变。

1.保卫精英文化防御大众媒体

大多数人认为,英国是媒介素养教育的发源地,早在1929年,伦敦教育委员会的《教师建议手册》就敦促教师们要为孩子们评价(和抵制)那些被认为是低层次的早期电影提供特别训练。

20世纪30年代,以电影和广播为媒体的大众文化在欧美各国日渐流行,它所传播的价值观和审美情趣与传统的著英文化理念多有抵悟和冲突。因此,教育界应以系统化的课程或训练,培养青少年的媒体批判意识,使其能够辨别和抵御大众传媒的不良影响,自觉追求符合传统精神的美德和价值观。这种教育强化学生具备辨别和抵御的方法被后来的批评家们称之为"免疫法(Inoculation)"。而这种观点在30年代至50年代得到社会的广泛认同。因此,我们把这一时期媒介素养教育的主要目的称之为"保卫精英文化防御大众媒体"。

2.欣赏大众文化

50年代末至60年代初正是英国文化研究的初发时期。这一时期的主要论者如雷蒙德·威廉姆斯和理查得·豪格特的著作普受关注。他们的观点最明确地体现在威廉姆斯1961年所写的著作中,与利维斯式的观点相左的是,"文化"不再被视为一系列享有特权的、恒定不变的人或物——如文学经典,而被视为全部的生活方式。这种观点认为,文化的表达是多元性的,既有高雅、贵族式的形式,亦有日常生活化的、大众化的形式。这种更趋近人类学意义上的文化概念对于那种特别看重高雅文化与大众文化、艺术与生活体验之间等级区别的观念无疑是一种挑战。

为了将这种观点传授给学校的教师,斯图尔特·霍尔和帕迪·沃纳尔于1964年出版了《大众艺术》(*The Popular Arts*)一书。该书中,作者提出了许多有关媒介素养教育尤其是有关电影素养教育的建议和对策。由于年轻一代的教师对学生的日常文化体验有了更切近的认识并依据学生的这种体验开展教学,这种不那么强调"免疫功能"的文化研究方法也被引入学校的教学思路,并在官方的教育报告中有所反映。需要指出的是,这一时期,基本的文化特性仍然是被承认和保留的。例如,从属于工人阶级的日常生活文化和经过"加工制作"的好莱坞生产的文化被区分为具有不同性质的文化,而在利维斯的著作中,也具有明显的抵制美国文化的倾向。在斯图尔特·霍尔和帕迪·沃纳尔的著作以及英国教育与科学部所发表的有关英语教学的纽塞姆报告(Newsom Report)中,亦留有上述倾向的某些印迹。

3.解密意识形态

到了70年代末,符号学、结构主义、心理分析理论、后结构主义和马克思意识形态理论对深化媒介素养教育理论起了很大贡献。媒体被视作符号系统和文化表征系统,少数人的思想,通过媒体的传递,俨然就变成整体社会的意识形态。符号学的目的是揭示和解码,而不是作美学判断。因此,符号学被视为可以提供冷静客观的、严密精确的分析方法。学生们被要求撇开自己的主观好恶,通过系统化的分析来发现、找出媒体文本背后所隐含的意识形态企图。由此将自己从文本的影响中解放出来。这种分析形式是结合着对媒介组织的政治经济学的详细研究一起进行的。如这一时期的代表作,英国早期媒介素养教育的领军人物莱恩·马斯特曼的论著 *Teaching About Television and Teaching the Media* 所关注的正是语言、意识形态和表征(Representation)问题,并将这种洞穿文本背后之意识形态意图的意识形态解密理论用于学校的课堂教学。因此,我们可以把这一时期媒介素养教育主要目的称之为"解密意识形态"。

4.赋　权

80年代以来,英国媒介素养教育正式纳入国家课程体系,施行小学到中学的教育,随着电脑和网络的普及,赋予了媒介素养教育新的生长点。研究者们回顾媒介素养教育发展的历程,更深刻地意识到,媒介素养教育者不应以自己的体验代替学生的体验,并粗暴地以自己的判断代替学生的判断,甚至也不应该仅仅教给学生一种美学判断,而应该与学生一起理解媒体内容,帮助他们发展一种认识媒体、建设性使用媒体的能力。莱恩·马斯特曼将这一过程概括为"从家长制走向赋权"。所谓权就是指通过媒介素养教育赋予受教育者一种分析判断媒体的能力。因此,我们可以把这一时期媒介素养教育的主要目的称之为"赋权"。

从课程目标的价值取向来看,英国媒介素养课程目标从保护主义走向赋权主义。

(三)课程内容

随着对媒体及媒体文化研究的深入以及媒介素养教育目标模式的转变,媒介素养教育不再被界定为一种与学生的媒介体验天然对立的教育,它不再被仅仅视为一种甄辨方式或洞察隐蔽的意识形态的方法。媒介素养教育将相对降低"抵制"和"免疫"的调门,至少是弱化当初被狭隘地理解的那种抵制和免疫。相反,当代的媒介素养教育不被定义得那么宏大、堂皇,反而变得更现实、客观了。

英国电影学会(British Film Institute)的课程综述(Curriculum Statements)便体现了上述理念,它提供了80年代以来一种新型的媒介素养教育课程内容设计,这种设计主要是教师们自己完成的。他们将媒介素养教育的目标定位在培养学生的传媒理解力和媒介参与力上。为了达到这一目标,他们没有按照研究的对象或单纯的媒介技能来为媒介素养教育课程设计框架,而是根据学生概念性的理解需要来设计课程的框架。这种媒介素养教育的课程设计通常向学生提供一组媒体现象的核心概念或关节点(Key Aspects),如下列所示。

　　媒介素养教育的若干关键环节:

　　(一)媒体机构

　　谁在传播? 传播什么? 为什么传播?

　　谁生产文本? 谁在生产过程中发挥作用? 媒介组织;经济学与意识形态:意图和结果。

　　(二)媒体的类型

　　什么类型的文本?

　　不同的媒体(电视、收音机、电影,等等);文本的形式(纪实,劝服,等等);类型(科学幻想小说,肥皂剧,等等):其他的文本分类形式;不同的讯息分类与受众解读的关系。

　　(三)媒体技术

　　媒体产品是如何生产的?

　　这种生产可以采用何种技术? 如何使用这种技术? 这些技术对媒体生产过程和最后产品有何影响?

　　(四)媒体语言

　　我们是如何理解媒介信息的含义的?

　　媒体是如何生成意义(Meanings)的? 规范和惯例;叙述的结构。

　　(五)媒体的受众

　　谁接受信息? 他们怎样理解媒介信息?

　　受众是如何被分类、构造、供给和接触的? 受众是如何寻求、选择、消费和反应文本的?

　　(六)媒体表达

　　媒体如何再现自己的主题?

　　文本与事实、人、事件和思想的关系;成见与其后果。

　　虽然上述设计模式有不同的版本,但其基本的方法在过去的10年中产生了极大的影响,尤其是在英国、加拿大和澳大利亚等英语国家。

这种概念建构的方法有以下几点好处：它并不专门指定若干需要学习的事项，或特别划出某些特定的研究对象（例如某一文本的法则），这样，就使媒介素养教育者得以对学生不断变化的兴趣和经验作出相应的反应，而避免在教材的选择上强加于人。这种方法的主要目的，是向学生提供一种可以应用于当代乃至传统媒体的理论框架，这样，可以使学生理解各种媒体之间的联系，并且能够从媒体内的这一要素转向另一要素。

正如卡里·巴扎尔杰特所言，这种关节点的方法不是要向媒介素养教育者提供一张课程蓝图，或向学生分发一份媒介素养教育必读内容的清单，这种理论框架不是某种按照一定等级组织好的东西，也不要求教师按照固定的先后顺序进行逐一的讲解，比如用半个学期讲媒体组织，再花另一个学期讲媒体再现，如此等。相反，这个理论框架的各个部分是相互关联的，任何一个概念都是一个进入媒介素养教育的积极通道，而这一通道同其他概念又是相结合的。这样一来，教师便可以根据自己的需要，利用这一理论框架组织课堂的学习和活动内容。应当强调的是，这种理论框架既可以应用于业务实践，如摄影，也可以应用于分析活动，如研究广告和新闻。

（四）课程组织

英国电影学会（BFI）在"媒体教育课程综述"这一文件中提倡媒介素养教育课程要使用跨科目的方法而不是专门的"媒体研究"的方法。将"媒体研究"的方法主要留到普通中等教育证书（GCSE，16岁以上参加的测试）、中学高级水平考试（A-levels，18岁以上参加的考试）课程和大学课程中。有人认为这种做法是政治冒险，因为他们认为这是对1970年格拉斯哥大学媒体小组所做工作的呼应，是对"左翼偏见"的老套指责。然而，如果要在学校里开发更强大的媒介素养教育——而不是如目前许多学校的无力状态——还需要对媒体研究有更专业的理解。

英格兰、威尔士和北爱尔兰的课程体系比较相近，统一的国家课程由4个阶段（Key Stages）组成。媒介素养主要被整合到英语课程（English Curriculum）的1，2，3，4阶段，2000年之后的修订版《英国国家课程》规定Key Stages3和Key Stages4的媒体教育为必修课程，而在Key Stagesl和

Key Stages2 没有法令性要求；还有整合到公民课程（Citizen，Curriculum）的3,4阶段；在ICT等其他一些课程中也有体现；此外还有为14岁及以上单独开设的媒体研究课程。苏格兰的教育体系自成一套，媒介素养教育的机会主要落在英语、传播、艺术和设计课程，还有一小部分作为交叉课程。在此我们主要以英格兰作为讨论对象。

课程以"学习方案"（课程学习大纲）（Program Of Study）的形式组织，该方案定义了在每个阶段要教给学生什么，为制定学生活动提供了基础。每个阶段分别对听说读写做了要求。国家统一课程的每个学习方案设计都包括这样的标题："知识，技能与理解"和"学习的范围"（Breadth Of Study）。"知识，技能与理解"简要叙述了每阶段某具体学科要教的内容；"学习的范围"涉及一系列活动、情境和目标，并通过这些范围使学生获得必须达到每阶段目标的技能。

二、加拿大媒介素养教育

(一)课程政策

加拿大有10个省和3个地区，加拿大联邦政府不设教育部，教育由各省教育署负责，因此，不同省份的地区有各自不同的教育体制。在东西部两大教育组织——大西洋省份教育基金会（APEF）和加拿大西部基础教育协作草案组织的共同努力下，媒介素养教育被正式纳入加拿大全国范围内的学校正规课程中，媒介素养教育也成为90年代加拿大学校课程教育改革中最为引人瞩目的一个方面。

在1993年，加拿大西部4省2个地区的教育署长们通过联合签署加拿大"西部基础教育协作草案"的形式，着手制定从幼儿园到十二年级的共同教育课程框架，这样，根据该议定书，大量的媒体内容被整合到英语语言教学中来，该课程框架于1997年修订完成。在西部地区教学课程框架已初具规模之时，加拿大东海岸新斯科舍省、新不伦瑞克省等4个省份也在着手制定类似的教学课程框架，自1995年9月起，这些省教育部长们开始共同携手为入学新生制定到十二年级的整个教育课程的教学框架，也是把媒介素养内容集中于英语语言教育课程。虽然各省可以自行诊释和修改该教学框架,但四省就英语语言学习的课程安排几乎是相同的,都认为学生的识读能力远远超过一般意义上的读写能力,而有必要包括对交流中视觉和技术等技能的理解和应用。这样,在加拿大东部省份的学校课程教育中,媒介素养、批判素养(Critical Literacy)和视觉素养(Visual Literacy)成为英语语言课程中重要组成部分。

(二)课程目的

1.发展媒介素养教育课程的目的

加拿大是一个大众传播业十分发达的国家,媒体具有强大的社会影响力,同时媒体中色情暴力、政治操纵等问题也浮出水面。这使得加拿大的一些学校逐渐意识到传媒潜移默化的影响力及其教化作用。20世纪60年代末,在电视媒体熏陶下成长起来的加拿大儿童进入了他们的学校教育阶段。加拿大的一些教育工作者开始注意到,这些在电视媒介环境中成长起来的儿童,在其行为、认知取向和价值观等方面与以往的学龄儿童有很多不同之处,而这些差异在很大程度上与儿童大量的电视收视行为有密切联系。因此,有些感到不知所措的加拿大的教育工作者,逐渐认识到帮助学生正确及有效地运用影视语言作为新的教育沟通方式的重要性,于是部分学校开展了影视教育,作为选修课程提供给学生。这一时期的屏幕教育可以看成是加拿大传媒教育的前身。在一批执着的媒介素养教育工作者和团体地努力推动下,媒介素养教育成为一种新教育和新文化运动,并且在80年代中后期,逐渐得到政策制订者的认可,成为国家课程的组成部分。

美国电影电视等媒体的跨境传播,美国文化信息渗透及其影响引起加拿大的关注。对美国流行文化批判也是加拿大媒介素养教育发展的动因之一。因此,以辅导学生正确理解来自不同文化背景的传媒信息的传媒教育课程被提到教育日程中来。

2.媒介素养教育课程的目的

媒体已经成为青少年文化的重要组成部分,媒体研究能为青少年提供展现个人思想、主张和世界观的极好机会,媒体研究也能引领关于社会问题和价值的丰富的课堂讨论。媒介素养中所发展起来的批判思考技能适用于儿童的很多生活情境。媒介素养是一种发展评判思维技能的实践活动,它能帮助青少年辨别、分析和评价媒体及媒体讯息。具有媒介素养的儿童能够更有效地参与当今的社会生活。

加拿大教育界已普遍接受了这样一种观念:青少年要想成为一个具有文化素养的人,就必须具有识读、理解不同形式信息的能力,此外,他们还应当具备健康的批判思维技能。这种观念在WCP和APEF两个区域协作协议中制定的新英语语言艺术课程框架(Frame Works)中得到了全面的反映,同样反映在安大略和魁北克正在开发的省级媒介素养新课程中。

(三)课程内容

1997年完成的WCP英语语言艺术学科课程框架中,将学生对媒体文本的理解视为一项重要的语言技能。该课程框架认为,大众传播时代的文本(Text),不仅指印刷的文字,还包括口头语言和视觉语言,后者也应成为课堂讨论、研究和分析的对象。文本的传播方式——不管是通过电脑传播、还是通过电视、广播或书籍传播,都会对文本产生影响。该课程框架的基本结论第二条指出"学生应当通过聆听、谈话、阅读、写作、观看、和表现(Represent)对口头的、印刷的和其他形式的传媒文本进行自主的、具有批评意识的反应和理解"。该课程框架对这一基本结论的解释是通过口头的、印刷的和其他媒体文本的形式来传情达意,对于生活在一个民主社会的人来说,是一种至关重要的素养。在一个高科技的社会,学生需要学会通过不断增加的、日益多样化的资源渠道来选择、理解和整理思想和信息。通过口头的、印刷的和其他媒体的文本学习,学生可以体验、了解和感知各种情境、人群与文化所透露的讯息,并从中认识自我。本研究以安大略省作为案例,分析其课程内容框架。

在九、十年级结束后,学生应当已参与到采用多种不同方法创作媒体作品的过程中,学生应当能够将一种文学作品转换为其他类型的媒体(如电视电影);应当能够论述改变原有的媒体形式带来的效果变化,比如学生将小说《哈利波特》的一部分转换为电影的一个场景;批判思考的技能在此年级的媒体作品发展中扮演了极为重要的角色,学生应当能够创作作品来达到特定的目的(比如说服同学不要使用毒品);学生应当同时能够证明理解对不同的受众哪些比较合适。在九、十年级的理论课程中,整体目标和具体目标的关系非常紧密。然而,应用课程的结构相当不同(有很多动手的体验),在任务完成上层次更深。

十一、十二年级学生能够在三种必修课程中进行选择,课程分类是为进入职场做准备。十一、十二年级的学生可以从为大学准备(University-preparation)、为大专院校准备(University-college-preparation)、为学院准备(College-preparation)、为职场准备(Work-place-preparation)四种选修课中进行选择。十一、十二年级的学生还可以有机会选择开放课程,为大学准备的课程分类结构获得大学所需要的知识。University-college-preparation的课程是为学生在大专院校的特殊课程而做的准备,这些课程设计的目的是让学生满足大多数大专院校对学徒项目或者是其他培训项目认证的要求。为职场准备的课程是为学生提供雇主所需要掌握的技能,为希望在毕业后迅速进入职场的学生做准备。最后,开放课程允许学生在他们的兴趣领域内扩展他们的知识与技能。这些开放课程并不是让学生满足特定的大专院校或者是职场的需要。

以开放课程为例,可分为三类:媒体文本、媒体阅听人、媒体制作。

(一)媒体文本

分析、解释、评估媒体作品中的技术、形式、风格和语言,描述和解释不同媒体是如何传播意义的。

分析媒体表现以描述内容、辨识偏见、解释他们对观众的影响。

(二)媒体阅听人

证明理解媒体商业、发起者、广告的目的和吸引观众的方法,理解观众如何使用媒体作品并做出反映。

分析媒体和传播技术对社会、文化、经济的影响,并得出结论。

(三)媒体制作

通过为不同的观众和不同的目的制作媒体作品,来证明理解形式、内容和观众之间的关系。

描述一些媒体产业的生产角色和责任，确定影响媒体作品的生产、资金和发行的关键条件。

开放课程同时列出学生在研究每个领域时的具体目标。课程提纲并未有序地列出目标，但是，他们以公告板的形式列出了。下面就是从中选出的一些具体目标。

(一)媒体文本

1.分析媒体形式、技术、风格、语言

分析媒体作品中的语言是如何影响讯息的解释，重点是语言的语调、水平和观念的要点。

2.分析媒体表现

分析媒体对社会、政治和文化议题的表现，解释这些表现是如何影响人们解释这些议题，影响他们关注的水平。

(二)媒体观众(媒体阅听人)

1.分析观众角色与反映

解释媒体商业、发起者和广告商是如何以及为何确认指向基于社会和经济因素的目标观众。

2.分析媒体对社会的影响

评价影响社会的事实：大多数媒体是由广告、入会费和公众资助的。

(三)媒体产品(媒体制作)

1.创造媒体产品

为不同的媒体和观众改编讯息，解释媒体特点是如何形成的，观众是如何影响制作决定和塑造内容的。

2.检验产品情境、角色和责任

解释企业规则、政府规范和商业考虑的事项是如何影响媒体商业运作的方式的。

开放媒体研究课程的风格可以从课程文件中看出，这些课程文件大量、清晰地指出了学生在十一年级结束后应当掌握哪些东西。通过独立的条例(媒体文本、媒体观众、媒体制作)提出媒介素养目标,清晰指出需要掌握的技能是如何与媒介素养的不同领域相联系的。这种格式可能允许教师以更系统的方式来接近媒体研究。

(四)课程组织

1993年的WCP和1995年的APEF这两份协议已经使媒介素养教育获得全国范围内的官方地位,签署协议的各省有责任根据协议开发本省的媒介素养教育课程或为教师提供教学策略和创意的执行文件包。小学媒介素养教育统整于英语语言艺术学科中。中学媒介素养教育中,低年级主要还是在英语语言艺术学科中实现,高年级融入其他学科课程来实现,如与社会研究、健康和公民、以及职业与个人规划等课程,高年级还可以开设《媒体研究》《媒体批判》之类的专门课程。

当前魁北克正在开发一个面向一至十一年级的新课程体系,预计将在各学校全面实行。其中,初级课程包括Program-of-programs,包含八个宽泛领域的学习:世界观、健康和幸福、个人与职业规划、社会关系、环境意识、消费者权利和义务、媒介素养、公民和社会生活。每个领域都含有与媒体相关的学习结果,尤其是媒介素养、消费者权利和义务。

三、国内媒介素养教育

在我国,媒介素养教育作为一个正式的研究领域始于1997年卜卫发表的论文《论媒介教育的意义、内容和方法》,经过十余年的发展,媒介素养教育本土化经历了引入与启蒙、借鉴与准备、起步与积累和反思与批判等四个发展时期。

(一)引入与启蒙(1997—1999年)

1997年卜卫发表的《论媒介教育的意义、内容和方法》一文,介绍了媒介素养教育的概念、国外媒介素养教育的起源与发展、媒介素养教育的意义、内容与途径,并且对我国媒介教育的实施过程进行了初步构思:考察和研究我国公民以及青少年媒介接触的行为、对媒介的需要以及公民的媒介观念;进行可行性研究,提出媒介教育的政策;进行媒介教育实验,以发展媒介教育内容,确定媒介教育方法和途径,并取得一定经验;培训大量师资;制定相应的法规、规定或政策,开展大规模的媒介教育;媒介教育的实施还要考虑到因地制宜。

在随后的1998—1999年内,分别有香港浸会大学新闻学系助理教授李月莲(《外来媒体再现激发文化认同危机——加拿大传媒教育运动的启示》)、四川省社会科学院宋昭勋(《一门新兴学科:媒介教育》),以及蒋振远(《应尽快启动媒介教育》)、郑富兴(《媒介教育和德育相结合是现代德育的新原则》)四位学者在国内期刊先后发表了以媒介教育或传媒教育为题的论文,均对媒介素养教育的概念和思想有所介绍。

(二)借鉴与准备(2000—2003年)

中国媒介素养教育在2000年开始进入到一个新的初级本土化阶段。这一年,宋小卫先后发表的《学会解读大众传播(上)———国外媒介素养教育概述》《学会解读大众传播(下)———国外媒介素养教育概述》《西方学者论媒介素养教育》等三篇论文和一篇译文——大卫·帕金翰的《英国的媒介素养教育:超越保守主义》(*Media Education in the UK：Moving Beyond Protectionism*),较为系统地介绍了国外媒介素养教育的起源与发展情况。

在这一阶段,国内学者对国外媒介素养教育成果的介绍开始全面深入。蔡骐在《论媒介认知能力的建构与发展》一文中对西方近年来兴起的媒介认知能力(Media Literacy)运动进行了介绍,并将媒介认知能力划分为获取信息、分析信息、评价信息和传播信息"四个要素"以及媒介信息认知与媒介社会认知"两个层面"。文章同时还探讨了与媒介认知能力运动有关的各种争论,并指出依据国情在国内开展具有中国特色的媒介教育的迫切性。在《论大众文化与媒介教育的范式变迁》一文中,蔡骐指出,从媒介教育发展的历史来看,它先后经历了从批判范式、分析范式到表征范式的变迁,而影响这些媒介教育范式变迁的决定性因素就是人们对大众文化观念的变化,且这些观念变化又与法兰克福学派、李维斯主义、英国文化研究学派及符号学的产生联系在一起。

王东在《日本媒介识读教育的兴起及其背景分析》一文中对20世纪90年代末开始在日本推广的媒介识读教育进行了解读。文章指出,大众媒体对青少年产生的不良影响,一直是困扰日本教育界和新闻界的问题。日本政界曾多次企图用立法手段强制约束大众媒体,但都被舆论指斥为侵犯新闻自由最后无功而返。面对维护新闻自由与保护青少年的两难问题,日本社会将目光投向媒介教育,期望通过提高青少年的媒介素养,达到抵消大众媒体负面影响的目的。

木雨编译的美国学者瑞妮·霍布斯撰写的《美国媒介素质教育运动中的七大分歧》,着重对美国媒介素质教育运动中的七大分歧进行了分析:媒介素质教育是否可以保护儿童? 媒介素质教育是否一定要求学生进行媒介制作和演练的实践活动? 媒介素质教育是否过于偏袒大众文化? 在媒介素质教育的文本中,是否应当设置更多的意识形态内容? 媒介素质教育能否在美国大多数中小学的正规教学中普及? 实施媒介素质教育是否应当接受媒介产业的财政支持? 媒介素质教育仅仅是一种达到目的的手段,还是一种具有自身价值的独立追求?

在不断引入国外媒介素养教育经验的同时,我国学者也开始将其合理成分与中国的实际相结合,论证开展中国媒介素养教育的重要性、必要性、可行性、急迫性等意义,探索其在中国应用的过程。可以看出,中国媒介素养教育的开展主要有以下几个层次:

第一,与德育的结合。许多学者认识到,媒介给青少年带来的主要影响是判断是非、辨别善恶美丑能力的缺失。为此,与德育结合是中国媒介素养教育工作的一个重要特点。戴怡平认为,"媒介素养教育应当成为思想道德教育和世界观、人生观教育的一个重要组成部分,应当成为培养青少年判断是非、辨别善恶美丑能力的一种重要方式"。唐玲则把青年媒介素养教育看成是"对青年进行思想政治教育的一个重要内容"。郭秀华、李立新在《德育工程呼唤良好的媒体教育》一文中指出,媒体已经日益成为除了家庭、学校和同龄群体之外的影响青年成长的第四大因素。媒体给德育工作带来了一些负面影响,德育工作者应当积极采取应对措施,引导青少年健康成长。

第二,与信息素质教育的结合。学者们开始将媒介素养教育与中国的素质教育实际相结合,探讨媒介素养教育在中国实施的必要性。如陈新民、杨华在《媒介教育——现代化教育的新课题》一文中提出,媒介教育的意义在于:使人们具备足够的媒介素养,在信息洪水冲击下学会生存;顺应"世界信息化"的趋势,建立受众对媒介及其信息评价的认知结构;同时也是我国实现教育现代化不容忽视的一个方面。张开在《媒体素养教育在信息时代》一文中重点论述了信息时代对媒体素养教育的需求;苗苏萍更是把青少年的信息教育和媒介教育放到了德育、创新实践教育、心理教育和健康教育同等重要的地位。张冠文在《论媒介素养教育的必要性》一文中通过对信息时代人们使用媒介所产生的种种问题和负面效应、媒介管理使用上的不足以及受众媒介素养现状等方面的分析,指出了加强媒介素养教育的必要性。刘铮、殷俊在《国外媒介教育与我国的素质教育》一文中指出,面对传媒强大的影响和大量鱼龙混杂的信息,尽快在社会特别是中小学开展媒介教育,教育人们学会主动选择媒介、选择信息,并对其内容进行反省、批判,是信息时代人人必备的自我保护能力,也是国际素质教育的大趋势。李琨则把媒介素养教育当成"民主社会中公民素质教育的一个重要部分"。袁文丽在《浅论大众化的媒介素质教育》一文中提出,"大众化媒介素质教育的目的在于让公众了解和认识媒介,进而合理开发和利用媒介资源,使他们不仅成为独立而成熟的受众,更成为老练而专业的传播者"。

这一阶段,学者们结合国外媒介素养教育的实施经验,针对中国德育、信息素质教育的需求,开始对适合中国本土的媒介素养教育的内涵、方法、模式等展开了研究。但这一阶段的探讨大多是"拿来主义"的做法,借鉴国外经验,强调学校教育、社会教育和媒体宣传的三结合,其初级本土化的特点非常明显。

(三)起步与积累(2004—2005年)

2004年媒介素养教育研究在中国的发展是有里程碑意义的,它既为中国媒介素养教育研究积累了丰富的成果,奠定了坚实的基础,也为今后的发展搭建了整体的框架,并就此开创了广阔的天地。2004年初,由中国传媒大学媒介素养研究小组组织,以北京市和上海市的六类人群为主要对象的首次中国城市居民媒介素养现状调查正式开展；2004年9月5日至6日，亚洲传媒论坛在中国传媒大学召开，由其广播电视研究中心主办的《媒介研究》杂志第3期首开先河地出版了媒介素养专辑；2004年9月，上海交通大学媒体与设计学院首开媒介素养课程；2004年10月1日，由复旦大学媒介素养小组创建的中国大陆首个媒介素养专业网站——媒介素养研究正式开通；2004年10月8日至11日，以"创新、沟通、发展"为主旨的中国首届媒介素养教育国际研讨会在中国传媒大学隆重召开；2004年12月11至13日，由团中央、教育部等国家七部委联合主办、上海市委等承办的"中国青少年社会教育论坛——2004媒体与未成年人发展"主题会议在上海举行。

2004年，由张志安发表的《媒介素养：一个亟待重视的全民教育课题——对中国大陆媒介素养研究的回顾和简评》是国内首篇对中国媒介素养教育研究的综述性论文；由上海交通大学谢金文编著的《新闻·传媒·传媒素养》是国内出版的第一本针对大学生媒介素养教育的著作；由中国传媒大学蔡帼芬主编的《媒介素养》是国内出版的首部媒介素养论文集，此后一系列的有关媒介素养教育的书籍相继出版，有邵瑞的《中国媒介教育》、陈先元的《大众传媒素养论》、钟新的《传媒镜鉴：国外权威解读传媒教育》、张开的《媒介素养概论》等。以上如此多的首创都标志着媒介素养教育在中国翻开了新的篇章，同时也为媒介素养教育在中国今后的发展开辟了广阔天地。

在媒介素养教育研究取得进展的同时，由于2004年《中共中央国务院关于进一步加强和改进未成年人思想道德建设的若干意见》的颁布，使得与该精神有所重合的青少年媒介素养教育在议程重要性、教育资源等方面占有相对优势，成为随后大陆媒介素养教育实践的重点领域之一。如2005年5月央视少儿频道推出青少年媒体的新版《新闻袋袋裤》栏目，栏目定位为以儿童的视角采编、制作和播报的日播少儿新闻栏目；2005年6月深圳青少年报社、特区教育杂志联合相关政府职能部门开始在全市各主要中小学推行媒介素养教育，内容包括举行"媒介素养进百校"系列活动，在中小学校分发科普读本、进行媒介素养方面的讲座、培训。在该年9月深圳报业集团与宝安区上合小学联合举办的"媒介素养进校园"活动中，报业集团的资深记者向学生们讲授了"少年儿童理性地辨别各类媒介信息的意义，并教授他们学习如何使用传媒、如何利用传媒发展自我"。

　　2004年后，中国媒介素养教育研究进入一个"广度本土化"的时期。之所以称为"广度本土化"，是指媒介素养教育研究群体的扩大带来的研究方向的多样化，许多学者开始从不同交叉领域探寻媒介素养教育：

　　第一，对国外媒介素养教育成果和经验的借鉴与分析继续深入。如张艳秋的《加拿大媒介素养教育透析》对近20年来在媒介素养的研究和媒介教育实践方面取得了令人瞩目成就的加拿大媒介教育的发展和理念进行了较为全面的归纳和分析；他的《国外媒介教育发展探析》分析了国外媒介素养和媒介教育理念、教育模式及其实践发展；张学波的《国际媒体教育发展综述》分析了国内开展媒体教育的背景及其重要意义，介绍了国际上具有代表性的国家和地区的媒体教育发展概况以及推动媒体教育发展的课程、教学活动和政策，从中得出通过"由下而上的自发性运动"把媒体教育纳入正规教育体系中的启示，并进一步提出如何推动我国媒体教育的思考；夏红辉的《西方媒介教育范式的比较与选择》对西方媒介教育的批判、分析、表征等三种范式进行了分析和比较；汤晓蒙翻译的《国际媒体素养教育的发展》调查和了解了亚太地区、北美洲、中南美洲、欧洲、非洲的17个对象国家的媒体素养教育案例，分析了影响媒体素养教育的主要因素。

　　第二，有关特定社会群体的媒介素养教育研究。在开展的群体媒介素养教育研究中，有关大学生的研究最为丰富，如田维义在《论大学生媒介素质教育》一文指出，应首先在高校开展媒介素质教育，进而向中小学扩展，大学生媒介素质教育应设立独立的课程，核心是培养大学生对媒介信息的独立思考与批判的能力。胡忠青在《浅议当代大学生的媒介素养教育》的文章中认为，现代传媒对大学生有着正反两方面的双重影响。当代大学生接受媒介素养教育已迫在眉睫，它能有效地提高高校思想政治教育的针对性和实效性。杨健、徐凌、范松仁、张洪萍在《试论开展大学生媒介素养教育的重要意义》一文中则认为开展媒介素养教育既符合大学生的心理、生理、社会需要，也符合大学生的成才需要，更是全面建设小康社会、加快推进社会主义现代化建设和中华民族实现伟大复兴的历史选择。任儆在《在大学推广媒介素养教育的必要性和紧迫性》一文中论述了在大学推广媒介素养教育对社会健康发展、个人全面发展以及高等教育改革与发展的重要意义。此外,有关青少年的媒介素养教育研究也较多,如郑春晔在《媒介素养教育:青少年素质教育的重要课题》一文从大众传播媒介对青少年的负面影响出发,论述了青少年媒介素养教育的目的、内容、渠道、方法与实施途径。徐赪在《媒介规范与青少年媒介素养教育》一文中同样从媒介规范的角度出发论述了青少年媒介素养教育的重要性。此外,还有一些论文对成人、农村受众、部队官兵等开展媒介素养教育的重要性也进行了论述。

第三,不同媒介素养教育形式的研究。如前所述,2004年《中共中央国务院关于进一步加强和改进未成年人思想道德建设的若干意见》的颁布,使得媒介素养教育间接地有了国家政策的支持,因此不少学者对媒介素养教育与思想政治教育进行了有机结合,如马旭的《媒介素养教育:当代大学生思想政治工作的新视角》,胡忠青的《媒介素养教育与高校思想政治教育》等。此外,2004年前媒介素养教育与信息素质教育的结合在本阶段也得到了延续,如肖芃的《析信息时代下的媒介素养教育》、陈文敏的《信息时代的高校媒介素养教育》、许浩的《信息时代加强媒介素养教育的紧迫性》等。张宏树在《媒介素养教育向认知科学、信息处理思路的转换》一文中更是明确提出目前的媒介素质教育有一个明显的向认知科学、信息处理思路的转变,媒介素养的核心是人的信息处理素质,即使人们具备正确使用媒介和有效利用媒介的能力,建立获得正确媒介信息、信息产生的意义和独立判断信息价值的知识结构。

与前一阶段不同的是,本阶段媒介素养教育又与终身教育、学习型社会的要求结合,被提到了公民教育的高度,媒介素养教育开始向大众化的方向前进。如南长森在《简论公民的媒介素养教育》中提出,"公民的媒介素养不仅是国民经济建设中的生产力的重要因素,而且也是人迈入现代社会文明的重要标志……对于我国的公民尤其是成人来说,借鉴发达国家的媒介素养教育,对于在社会主义物质文明、精神文明、政治文明建设中促进、完善自身的人格、心智有着十分重要的作用和意义"。崔欣、孙瑞祥在《媒介素养教育的大众化与实现途径》一文中提出,媒介素养教育的大众化问题是媒介素养教育的核心问题。它的提出具有深刻的社会背景、现实依据和理论意义，顺应了学习型社会的总体要求。在建构学习型社会过程中，媒介素养教育只有实现大众化教育才有更实际的意义，唯有转变教育理念、走出象牙之塔，才可能实现最终由全体媒介接触者共同受益的教育目标。古明惠在《重视民众的媒介素养教育》一文中提出，媒介素养是一种综合能力的培养，媒介素养是现代公民必备的素质，媒介素养教育的核心任务是培养具备信息理性的公民，根本目的就是培养民主社会的公民。秦学智在《媒介素养教育：中国教育发展的新动向》一文中总结到，为了适应和满足媒体时代未成年人道德建设、媒体从业人员职业道德建设、公民道德建设与健康发展的需要，在中共中央及全社会力量的共同关注下，媒介素养教育必将很快在中国大陆提上议事日程，成为中国教育发展的新动向。

　　第四，对媒介素养教育在中国本土化改造与创建的探讨。研究者立足于我国媒介素养教育的需要，融会贯通国外的媒介素养教育理论，开始构建我国媒介素养教育的体系，形成了基本的模式、研究范式和方法等。其中李秀云的《中国媒介素养教育思想萌芽的阐发》和蔡尚伟的《1949年以前的中国媒介素养教育萌芽———媒介素养教育的本土化考察》格外引人注意。李文提出，早在20世纪30年代，中国新闻学者与教育工作者就从不同侧面提出了在中小学教育中开设新闻学课程的主张，这应该是中国新闻史上最早阐发媒介素养教育的思想萌芽。蔡文对我国1949年以前的媒介素养教育萌芽进行初步的考察，以此来探索媒介素养教育研究的本土化道路。这种注重历史的角度，极大地开阔了研究者的视野。曾凡斌的《媒介素养教育的本土化理念反思》从国家宪法关于"媒介"和"教育"的条款出发，对媒介素养教育作出了这样的界定："媒介素养教育是教育的一个重要组成部分，是在城乡不同范围的群众中开展的，其意义就在于随着急剧变化的媒介信息环境的冲击，要在社会主义精神文明的指导之下，使人民群众建立起对媒介信息的批判能力，提高对负面信息的觉醒能力、培养建设性的使用媒介的能力，从而达到为人民服务、为社会主义服务的目的。"这是一种"政治化"的本土化视角。郭毅的《中国媒介素养教育内容建构探析》提出建构以媒介为轴心的"同心圆"结构系统为媒介素养教育的内容,即从媒介的微观、中观及宏观层面认知媒介,从而达到理解媒介的理想层面。李苓在《论中国媒介素养教育评估体系》一文中认为,媒介素养教育的评估体系要对媒介素养教育的有效性进行检测,以确保媒介素养教育规划的科学性和实用性。评估体系的内容至少应当包括媒介素养教育的评估模式、评估过程、评估项目等。郑保章在《我国媒介素养教育体系的建构主体及方式》一文中认为,我国开展媒介素养教育,一方面是传播学自身发展的需要,是传播学科发展从学术相对自立走向学术自觉的反映,更重要的是,媒介素养教育对我国的政治、经济生活有着非常重要的现实意义,是构建和谐社会中不可缺少的有生力量。文章将媒介素养的建构主体分为三个层次:媒介机构、社会组织和广大受众,并对各种主体的建构方式进行了论述:媒介机构是媒介素养的中流砥柱,社会组织是媒介素养的环境卫士,广大受众是媒介素养的发展动力。

(四)反思与批判(2006年至今)

2006年以来,更多学者开始对中国媒介素养教育的重要和特殊问题开展了系统性研究,试图生成本土的理论体系。2006年以来的中国媒介素养教育研究在2004—2005年的基础上呈现出以下特征与转变:

第一,关于中国媒介素养教育本土化体系建构及其各要素的策略性研究。如李凡卓的《论媒介素养教育》对媒介素养教育进行了新的解读:媒介素养教育是通过使阅听人掌握媒介文化知识,进而提升阅听人的媒介文化意识,最终形成阅听人正确合理的媒介文化行为的教育活动。它涵盖了对于阅听人认知、情感、意志、行为多个层面的教育和培养。培养阅听人的媒介文化意识是媒介素养教育的核心环节,而使阅听人形成合理正确的媒介文化行为是媒介素养教育的最终目的。胡怡的《论媒介素养教育的方法与路径》认为,新技术的发展与资本的急剧扩张使得媒介产业日渐扩张并呈现全球化格局的形势下,中国的媒介素养教育要以更快的步伐切合世界的速度,必须要研究媒介产制、媒介语言、媒介的再现和受众。赵渊在《"媒介素养教育本土化"的意义建构和发展路径》中鲜明地提出,媒介素养教育是一项复杂而长期的社会系统工程,必须充分尊重、依赖和结合我们的国情,发挥社会主义社会全局勾画、统筹协调的优越性,实现媒介素养教育和新一轮教育改革、发展的对接,嵌入我们的社会结构、社会发展的各个层次,把全民的媒介素养教育纳入精神文明建设的重要内容,在意识形态的高度获得持续的动力保障、思想指导和舆论支持。这是媒介素养教育中国特色的题中之义,是媒介素养教育本土化的逻辑和现实依托。白传之的《试论中国媒介素养教育课程模型的建构》依据课程研制理论的有关原理以及媒介研究的相关理论,提出和论证了媒介素养教育的CTL(文化—理念—语言)课程模型,为媒介素养教育课程研制提供了新的思路。杨燕的《浅谈媒介素养教育体系的构建》将媒介素养教育的体系分为三个部分:一是目的,包括增强学生对媒介信息的判断能力、引导青年学生吸收健康文化、提高自我约束能力、培养运用媒介的基本技能;二是内容,包括媒介的知识、媒介信息的知识、媒介的性质以及受众与媒介关系的认识;三是渠道和方法,包括学校、家庭、社区和大众传媒。王怀武的《试论媒介素养教育体制的构建》一文中提出了我国实施媒介素养教育过程中的学校教育、社会教育和媒介宣传方面存在的问题以及相应对策;顾斌的《媒介素养教育的多维视野》在梳理国外和中国港台地区媒介素养教育发展情况、对照国外媒介教育模式与成功必备因素的基础上,对我国开展媒介素养相关教育的前景进行评析,探讨媒介教育的建构理念以及适合中国国情的最佳媒介教育模式——"社会参与模式",指出媒介教育应该注意本土化发展策略。

第二,对国内外媒介素养教育理论与实践的思考继续深入。如焦建英的《欧美媒体教育历史考察:理论模式述评》对欧洲媒体教育各个时期不同的理论模式(防疫与甄别、使用与满足、文化研究与流行艺术、教养理论、屏幕教育与解密意识形态、设置议程理论、多维能动受众理论)进行了考察,总结了媒体教育发展由外铄转向内铄,从文本分析转向受众分析,民主化与防御的矛盾,权力的逐步下放等特点。徐金雷的《台湾媒体素养教育实践研究》对具有台湾地方特色的以校内和校外两条交融线的"政府推动式"媒体素养教育模式进行了总结;秦学智的《帕金翰"超越保护主义"媒介教育观点解读》对代表当今世界最先进的媒介教育理念的英国当代媒介教育家大卫·帕金翰的"超越保护主义"观点进行解读,对英国媒介教育阶段变化的原因进行探究,以探寻该观点产生的历史背景、意义、深层次原因及其本质;袁文文的《加拿大媒体素养教育内容及课堂教学活动分析》对加拿大媒体素养教育的内容设置及课堂教学活动安排进行了分析。文章认为,加拿大媒体素养教育的内容可以概括为两个方面:第一,增加对媒体的了解,学会以批判的意识接触、辨别媒体的信息。第二,掌握与媒体交往的常识,懂得合理地运用媒体完善自我、服务自我。前者是媒体素养教育的基础,尽可能地减少媒体信息对未成年人的负面影响,后者是媒体素养教育的提升,以进一步提高未成年人利用媒体的水平并使其从中获益。加拿大媒体教育的模式也各种各样,课堂活动丰富多样。既有媒体主导方式,也有主题主导,还有综合教育方式,把媒体素养教育渗透到其他教学活动中去。李凡卓、班建武在《论阅听人假设与西方媒介素养教育范式的变迁》一文以阅听人为线索对西方媒介素养教育的六种经典范式做了一番考察,发现这些教育范式的变迁与其对阅听的认识改变有着密切的关系。总体而言,阅听人在西方媒介素养教育的变迁中经历了一个由被动到主动,由群体到个人的嬗变过程。刘付燕、苗刚在《日本媒介素养教育"社会行动者网络"分析与借鉴》一文中阐述了日本媒介素养教育实践之着力点——"社会行动者网络"构建的基础,分析了日本媒介素养教育中"社会行动者网络"的模式构建、构建力量与特点。

第三,有关特定社会群体的媒介素养教育研究更加多元广泛。由于高校学者的加入,有关大学生媒介素养教育的研究论文较上一时期明显增多。以中国期刊网2008年资料为例,以"题名"为检索项,以"媒介素养教育"为关键词进行"模糊"检索,得到的114篇文献中,包含有"大学生"和"高校"的相关文献就有43篇之多,占37.72%。此外,未成年人、中学生、农民工、少数民族等群体的媒介素养教育研究论文也有一定程度的增长。

第四,不同媒介素养教育形式的研究也有所拓宽。赵渊、林玲在《媒介素养教育:构建中学语文教学的全新视界》一文中认为,作为一种基于母语形态的语文能力的培养和形成,新时期的中学语文教学应该是一个"贯通课堂与课外""兼顾理论授课和实践反哺效应"的开放平台和体系。多维媒介资源在中学语文教学中的引入,将拓展中学语文教学的文本平台、培养学生全面的信息鉴赏、批判和加工能力、形成良好的审美表达和道德素养的追求。而这与新时期中学语文教育的培养目标"殊途同归"。孙晓彦在《论"仁"在媒介素养教育中的不可缺失性——我看数字化时代美育的新发展》中认为，我国媒介素养教育是现代美育发展的新探讨，一定程度上也是现代电子技术媒体发展的产物。

虽然中国早期的媒介素养教育思想与当今学者引介的西方国家的媒介素养教育思想之间还存在一定的差异（如中国重在新闻学理论知识的普及，让民众尤其是青少年对媒介有所了解与认识，而当今西方国家则重在媒介批评精神的培养等），但毋庸置疑，它对我国大陆当今所发展起来的媒介素养教育理论而言是有借鉴意义的。更重要的是，中国的媒介素养教育，因其媒介环境、媒介政策和教育体制的不同，应在借鉴西方媒介素养教育研究实践的基础之上，特别注意结合中国传统文化以及我国的国情，以形成中国本土化的、独具特色的研究之路。

四、提升青少年媒介素养进一步努力的方向

通过对以上的媒介素养教育本土化的现象的分析，可以看出，我国媒介素养教育本土化过程中出现了这样那样的问题，这些问题既有本土化进程中必然出现的、往往在理论上无法回避和解决的问题，也有由于研究者对本土化理论和实践本身的关注度不够从而出现一些对国外媒介素养教育、本国课程研究传统和当代课程实践关系的认识上的问题。这些问题的出现，导致我国媒介素养教育本土化难以令人满意。主要表现在：

（一）进一步深入分析中国特殊媒介政策与文化

对外国媒介素养教育产生的背景及其文化等缺乏深入的分析，从而使借鉴或引入的媒介素养教育难以在国内生长。国外媒介素养教育理论是否符合中国本土实际的要求，是其能否本土化的一个重要因素。如我国"荧屏净化工程"活动在实践上的要求，正好与国外媒介素养教育相切合，要求学校必须开展相关的研究，就成为我们深入开展媒介素养教育的契机。这种以我国的具体实践为基础，借鉴国外的媒介素养教育或将国外媒介素养教育进行某些转换，以使其能符合我国的

具体实际的做法,是媒介素养教育得以引入和开展的重要原因。纵观我国媒介素养教育的引入历史,我们却可以发现,多数国外媒介素养教育理论的引入并未真正对原有理论进行全方位的分析,包括其理论产生的背景、当时的社会特征以及别国的文化研究传统,而一味地全盘引入。但是,对这些理论产生的背景的分析及其在教育改革中的意义、中外文化传统的差异等方面却分析不足,这必然会导致理论在我国的水土不服。

由于欧美国家大众媒介的商业化弊端,促使其媒介素养教育重视培育"批判性思考能力";但在中国,大众媒介却体现出结合市民日常生活和国家政治领域方面的特殊功效,不仅是中国公民政治参与的重要方式,也是中国社会民主与法制建设的重要组成部分。开展媒介素养教育,不能忽视中国的主流媒介是党和政府的"喉舌"这一事实。由于这一事实,使得中国的主流媒介更多地表现出一种传递"意识形态"的舆论导向功能,也使得中国的主流媒介受到较有力的监控和约束。如2004年上半年,为落实《中共中央国务院关于进一步加强和改进未成年人思想道德建设的若干意见》的各项要求,广电总局和整个广播影视系统开始实施"建设工程""净化工程""防护工程"和"监察工程"等"四大工程",为广大青少年提供丰富多彩、健康向上的优秀广播影视节目和产品;2004年11月,国家工商总局、文化部等9部委联合发布《关于进一步深化网吧专项整治工作的意见》,要求有关部门继续深入开展网吧专项整治行动,突出严厉查处网吧接纳未成年人进入行为、取缔黑网吧和打击网上传播有害文化信息三个重点,并且提出了量化指标;2006—2007年初,广电总局先后5次召开相关会议,制定下发了10多项规定,把抵制低俗之风的工作作为广播电视宣传管理的重要内容,组织全国广播电视系统全面开展抵制低俗之风专项行动,全国广电系统制定治理方案,采取相应措施,强化监管督察,初步建立了抵制低俗之风的监管机制,广播电视抵制低俗之风工作初步取得积极成效。

当然,以上种种遏制媒介负面影响的措施所取得的成效,并不意味着媒介素养教育的可有可无。毕竟,媒介负面影响的形成是一系列因素综合作用的结果,这其中不能忽略信息接受者即受众的作用。受众是信息传播过程中积极、主动的因素,遏制媒介的负面影响,提高受众的"免疫力"和"抵抗力",即提高受众的媒介素养是一个极其重要而有效的环节。世界各国媒介发展的历程证明,在商业和市场因素的冲击下,在巨大的赢利诱惑面前,媒介肩负的神圣社会责任往往显得十分脆弱,甚至不堪一击,法律规范、行政监管、行业自律也往往成为无奈的治标之举。基于这一情形,培养公众的媒介素养,提高公众对大众传播媒介的负面功能和负面影响的醒觉能力、抵御能力,打破对媒介的神秘幻想,是最大限度地避免和遏制媒介负面影响的治本之策。

(二)进--步深化中国媒介素养教育的传统

以国外的媒介素养教育理论为主,以中国的现实问题为其理论"注解",是媒介素养教育本土化存在的一个重要问题。这种做法的理论前提是,我国原本没有媒介素养教育,中国的媒介素养教育是从西方国家"化"来的,媒介素养教育是西方社会的"舶来品",我国传统教育中没有媒介素养教育,其实这种看法是不符合实际的。我国从1815年近代中文报刊诞生以来的中国社会已经存在具备现今我们所提的媒介素养教育某些内涵特征的活动,并且其活动形式也随着历史时代的变迁而不自觉地发生了变化。当然,中国大陆早期(1815—1949年)学者们的媒介素养教育思想与当今学者引介的西方国家媒介素养教育思想之间是存在一定的差异,主要表现在:中国大陆早期的这种媒介素养教育重在新闻学理论知识的普及,让民众对媒介有所了解与认识;而当今西方国家则重在对民众的媒介批评精神的培养。

实际上,在中国现有的学校教育体系中,媒介素养教育也存在着多种形式的内容。如中小学、高校开展的影视教育、信息技术教育,这些课程对电影、电视、网络等媒介的欣赏、解读、使用等知识都有所涉及,只不过其教育思想与西方的媒介素养教育思想有所不同。如影视教育注重中国文化的传播、爱国主义思想教育、美学思想的分析等;信息技术教育注重的是网络信息的有效获取、网络伦理道德、法律规范的养成等。

要实现媒介素养教育的本土化,必须以中国传统、现实的教育问题为出发点,把中国故有的媒介素养教育思想和当下的媒介素养教育实践结合起来,重建中国自己的媒介素养教育,在这个基础上与国际媒介素养教育界开展平等的交流与对话。

(三)进一步深入了解不同社会群体的媒介素养教育需求

由于对中国媒介环境和教育环境的忽视,导致了对不同社会群体媒介素养教育的需求了解不够深入,如过分强调对青少年儿童的媒介批判意识培养;实际上,与国外的媒介环境相比,青少年儿童对媒介的需求主要以娱乐为目的;家长、教师则希望青少年儿童能更好地利用媒介获取、分析和处理信息,提高信息素养,实现个人的自我发展。此外,网络环境的治理困难也带来了对"网瘾治疗"等问题的广泛关注。这些不同的媒介素养教育需求,对实践的开展有着非常重要的导向作用。

小　结

我们正置身于一个"媒介社会"里,大众媒介飞速发展,媒介家族日益庞大。媒介已经成为现代社会运行机制中不可或缺的有机部分,其所传播的信息对社会的影响无所不在,已经到了"全方位""全天候"的程度。无论是社会组织还是普通公众,从信息交流到意见表达,都对大众媒介产生了高度依赖。大量拥有并积极接触大众传媒,已成为现代人不可或缺的生活内容。技术变革改变了媒介生存的方式,而媒介生存方式则将以更大的力量改造社会发展的范式,改变人们的思维和生活面貌。几乎所有的人都同时生活在两个世界,一个是由媒介构成的虚拟的"媒介世界",另一个是原本的"真实世界",两个世界相互交错,人们游离其中,分不清彼此的界限。人们对客观真实世界的认识在很大程度上取决于来自"媒介世界"的信息,人们的人生观、价值观、行为举止,以及在信息时代的生存能力都受到"媒介世界"的直接或间接影响,因此如何理解媒介、利用媒介具有极为迫切的现实意义。媒介素养有助于人们建立正确的世界观、价值观、道德观和传播观念,有助于实现现代教育的目的,有助于推动社会主义政治文明、精神文明和物质文明的建设。

思考题

1.罗列对学生上网进行"堵"与"疏"的理由,并分别与家长和学生进行讨论,分析得出的结论差异。

2.媒介素养教育的核心概念和理念是什么?

3.英国是如何组织媒介素养教育课程的?

4.加拿大媒介素养教育课程有何特点?

5.结合身边的案例,论述提升学生媒介素养的方法与途径。

参考文献

[1][美]尼葛洛庞帝.数字化生存[M].胡泳等,译.海口:海南出版社,1996.

[2][美]尼尔·波兹曼.娱乐至死:童年的消逝[M].章艳,吴燕莛,译.桂林:广西师范大学出版社,2009.

[3][美]亨廷顿.文明的冲突和世界秩序的重建[M].周琪,刘绯,张立平,王圆,译.北京:新华出版社,2002.

[4][德]赫尔巴特.普通教育学——教育学讲授纲要[M].李其龙,译.北京:人民教育出版社,1989.

[5][加]马歇尔·麦克卢汉.理解媒介——论人的延伸[M].何道宽,译.北京:商务印书馆,2001.

[6][美]托马斯·库恩.必要的张力:科学的传统和变革[M].吴国盛,范岱年,纪树立,译.北京:北京大学出版社,2004.

[7][美]宣伟伯.传学概论[M].余也鲁,译.香港:海天书楼,1983.

[8][美]英格尔斯.人的现代化[M].殷陆君,译.成都:四川人民出版社,1985.

[9](日)日本筑波大学教育研究会,现代教育学基础[M].钟启泉,译.上海:上海教育出版社,1986.

[10]白传之,闫欢.媒介教育论:起源、理论与应用[M].北京:中国传媒大学出版社,2008.

[11]蒋晓丽.传媒文化与媒介影响研究[M].成都:四川大学出版社,2009.

[12]刘刚,聂竹明,赵昊.网络广告学:理论、设计、案例[M].安徽师范大学出版社,2011.

[13]聂竹明,高洪波.网络技术及教育应用[M].电子工业出版社,2008.

[14]卜卫.大众媒介对儿童的影响[M].北京:新华出版社,2002.

[15]皮亚杰.教育科学与儿童心理学[M].傅统先,译.北京:文化教育出版社,1982.

[16]瞿葆奎,沈剑平选编.教育学文集教育与教育学卷[M].北京:人民教育出版社,1993.

[17]邵培仁.传播学导论[M].杭州:浙江大学出版社,1997.

[18]徐佳士.资讯爆炸的落尘[M].台北:三民书局,1997.

[19]张世保.西化思潮的源流与评价[M].上海:华东师范大学出版社,2005.

[20]周晓虹.现代社会心理学——多维视野中的社会行为研究[M].上海:上海人民出版社,1997.

后 记

　　库恩在《科学革命的结构》中通过研究亚里士多德、伽利略、牛顿等人关于力学的观点，指出科学家们具有全然不同的"思考方式"，他们在各自不同观念体系的影响下看到了完全不同的世界，不同的环境会有不同的思维方式，不同的历史时代提供了科学研究特有的关注重点，如果离开了当时人们的特定环境和特定思路，忽视人的思维有限性与定势，那么科学的发展就成了一团漆黑，并且难以理解的东西了。在教育领域中，同样存在着"教育者"与"受教育者"之间不同的"思考方式"，甚至不同年龄层次的"教育者"之间也存在着明显的代际差异，这一点普遍存在于新兴媒体技术不断运用的现代教育领域中。我们常常忧思"受教育者"的学习困境，却很少反思"教育者"自身的"思考方式"。

　　一般而言，中老年人容易视网络为洪水猛兽，希望网络能够按照他们认可的成功模式去约束未成年人；青少年人更容易接受新生事物，希望在网络的广阔天地中自由驰骋，增长才干。青少年上网潮流不可逆转，堵不如疏，因噎废食可能会适得其反，改革教育方有祖国未来。有人历数网络的种种罪状，也有人高度赞赏网络给我们生活带来的方便，现在看来，更重要的不是要求网络如何发展，而是转变观念，改革教育制度，增进对青少年网络生活的理解与研究，提升全社会网络素养及对网络的认知，改进人才标准和社会认可机制。

　　从2009年至今，本人一直关注青少年网络生活与学习的研究，博士论文即以"从共享到共生的e-Learning研究"为题，力图探索网络化学习中"共生"的状态。先后主持相关教育部社科、省社科以及省重大教学改革与研究项目，着力研究青少年的网络化学习与生活，尤其致力于研究网络化学习中媒介与人的互动以及新观念的生成机制。本书以中小学生网络生活为切入点,从现实的案例入手,从敏感的网络成瘾问题出发,期望打开一扇爱与理解的窗,帮助数字土著与数字移民更好地相处,更好地与网络相处,更好地与自己相处。发现和创造新知识的能力是引导现代社会发展的关键。为了实现自我的终生学习和进行创造性活动,本书着重阐释从"学会"走向"会学",培养数字土著的创新性学习能力。相关工具与模式的介绍不仅有助于为学习者提高学习效率与质量,对普通读者更好地运用互联网与软件改善生活品质亦大有裨益。

从芜湖到南京,从中国到美国,一路走来,我始终对安徽师范大学充满情怀,只有回到学校,才会感到脚踏实地,才会找到新的动力。教育科学学院老师和同学们的关怀与鼓励我始终铭记在心。本书能够顺利出版,首先要特别感谢本套丛书的总主编王守恒教授,王守恒教授一如安徽师范大学的校训"厚德、重教",已然是安徽省教育者们学习的典范,正是受益于他多年来的关心与教导,才有本书的最初创想与完整体系的形成;感谢南京师范大学李艺教授、张舒予教授、沈书生教授在教育信息化与媒介素养研究上给我提供了丰富的营养;感谢华南师范大学徐福荫教授、中国传媒大学张开教授、北京师范大学余胜泉教授、清华大学程建钢教授等给予的鼓励与意见;感谢美国西南学院罗妮丽教授与钱志群博士所提供的国外教育资料与多次交流探讨带给我的感悟;感谢教育科学学院陈满堂书记、葛明贵院长、刘晓宇书记多年来的关心;感谢阮成武教授、张新明教授、桑青松教授、周兴国教授、查晓虎教授、孙德玉教授等的学术指导;感谢我曾经挂职的芜湖市赭山小学与梅莲路小学,在那里让我了解了更多基础教育一线的实际情况;还要感谢诸多同仁,感谢近年来与我一起研究的学生们,是他们给了我不少启迪和鼓励;还要感谢我的家人,是他们的默默付出,有力地支持了我的写作;感谢所有对本书的出版给予帮助的人!

本书在撰写过程中,引用了大量的文献资料和经典案例,囿于篇幅与水平,未能全加注明,在此对原作者深表歉意与谢意。同时也欢迎各界学人指出文中谬误之处,更望大家就此话题深入交流,留下邮箱 zmnie@126.com,期盼来访。

聂竹明

2013年6月20日